普通高等教育"十一五"国家级规划教材

21 世纪农业部高职高专规划教材

农业微生物

第二版

周奇迹　主编

植物生产类专业用

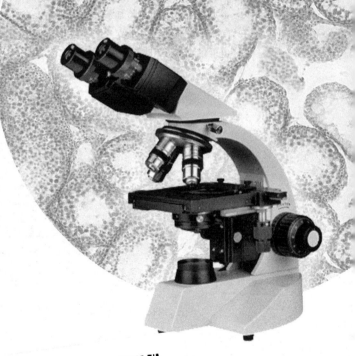

中国农业出版社

内容简介

　　本教材以加强基础，强化能力为主旨，系统而简明地介绍了微生物学的基础知识及其在农业上的应用，全书包括微生物的形态结构、营养和培养基、代谢与发酵、生长及环境条件、菌种选育与保藏、生态以及微生物在农业上的应用等内容。实训指导部分安排了17个实训，重点介绍微生物实验基本操作技能和农业有关的微生物实验。

　　本教材可供农林高等职业学校植物生产类各专业学生学习使用，也可供农业及相关行业的技术人员参考。

第二版编审人员名单

主　编　周奇迹

副主编　陈世昌　李洪波

编　者（以姓氏笔画为序）

卢显芝　李　平　李洪波

闵　华　张小华　陈世昌

周奇迹

审　稿　邱立友　别运清

第一版编审人员名单

主　编　周奇迹

编　者　周奇迹　周希华

　　　　曾晓楠

审　稿　朱德达

[第二版前言]

近年来，我国高职高专教育蓬勃发展，为社会培养了大量高素质技能型人才，对高等教育大众化作出了重要贡献。随着经济发展、科技进步和教育国际化，对高职高专教育提出了更新、更高的要求。为适应高职高专教学改革和专业发展的需要，根据教育部《关于加强高职高专教育人才培养工作的意见》和《关于加强高职高专教育教材建设的若干意见》的有关精神，吸收有关高职高专人才培养模式和教学体系改革的研究成果，围绕培养技能型、应用型人才目标，本版在第一版的基础上进行了修订。

教材修订过程中在注重基础知识、基本理论与基本技术的基础上，以"应用"为目的，以基础知识"必需"、基本理论"够用"、基本技术"会用"为原则。在内容上，适当压缩了微生物形态结构和基本类群的内容，增加了微生物饲料、微生物与环境保护、微生物与现代生物技术等内容，力求反映当前微生物发展的新知识、新技术、新成果，体现了高职高专教学改革成果。在体系上，每章均有"学习目标"、"本章小结"、"复习思考题"、"知识窗"等栏目，便于学生理解和掌握，拓宽学生的视野。在技能培养上，注意基本理论的应用性，突出职业技能训练，为便于组织安排和选择，将实训指导分为实验实训、综合实训和拓展实训三部分。

教材编写分工如下：嘉兴职业技术学院周奇迹编写绪论、第五章；河南农业职业学院陈世昌编写第一章第一、二节，拓展实训及各章的知识窗，黑龙江农业职业技术学院李洪波编写实验实训、综合实训及附录，广西农业职业技术学院闵华编写第二章和第七章，江苏农林职业技术学院张小华编写第三章和第四章，天津农学院卢显芝编写第六章，河南农业职业学院李平编写第一章第三节。全书由陈世昌统稿，最后由周奇迹定稿。本书承蒙河南农业大学邱立友教授、襄樊职业技术学院别运清副教授审稿。

由于编者知识水平和能力有限，书中难免存在不足之处，敬请同行和广大读者批评指正，以便今后修改完善。

编　者

2009 年 6 月

[第一版前言]

　　微生物学是一门重要的生物学科。它促进了生物学科尤其是分子生物学的研究发展。作为农业植物生产类各专业的基础课，也在高等职业学校中日益受到重视。目前国内已有非常出色的微生物教材，如《微生物学》（沈萍主编）、《微生物学》（陈华癸、樊庆笙主编）、《微生物学教程》（周德庆主编）等等，为各高等职业学校教学提供了极大的方便。我们参考以上教材，结合高职高专植物类《微生物学课程教学基本要求》，试编了本教材。

　　本教材共分七章，编写时注意微生物学的基本概念、基本知识和基本原理，并注意补充国内外最新研究进展；注意与植物类生产的联系和有利于学生能力的培养。鉴于与《生物化学》的分工和大部分高等职业院校植物类各专业不设《细胞生物学》课程的实际，也对应用生物技术专业使用本教材作了安排，加大了形态结构部分的比重，便于对生物技术的掌握。

　　本教材由周奇迹、周希华、曾晓楠编写，朱德达审稿。在编写时，得到了各有关学校的大力支持，特别是主编单位嘉兴职业技术学院的大力支持，对此表示衷心的谢意！在教材编写过程中得到了陆叙元、聂乾忠等老师的协助，在此一并表示感谢！

　　高等职业教育是近几年才大规模发展起来的新兴教育层次，许多的理论和实践尚在探索之中。尽管我们努力按第一次全国高职高专教学工作会议精神去编写本教材，然而限于对高职教学本质理解的深度和广度以及作者的知识水平、能力，书中还会存在错漏之处，敬请同行和广大师生批评指正。

编　者

2001 年 5 月

[目 录]

· 1 ·

绪　论

1. 掌握微生物的特点和主要类群。
2. 理解微生物与农业生产的关系。
3. 了解微生物学的分类和发展。

第一节　微生物及其特点

一、微生物的概念

微生物是一切肉眼看不见或不易看见，需借助显微镜才能观察到的微小生物的总称。它不是分类系统中的一个类群，根据其是否有细胞结构可分为两类：一类是无细胞结构的病毒、亚病毒（类病毒、卫星病毒、卫星 RNA 和朊病毒）；另一类是具有原核细胞结构的细菌、放线菌、蓝细菌、支原体、衣原体、立克次体、螺旋体、古生菌等以及具有真核细胞结构的真菌（酵母菌、霉菌、蕈菌）、单细胞藻类、原生动物等。

二、微生物的特点

微生物具有与高等生物相同的基本生物学特性，如新陈代谢、生长繁殖、遗传变异等。除此之外，它们还具有以下特点：

1. 形体微小，结构简单　微生物形体微小，大小以 μm 或 nm 计量，一般<0.1mm，如大肠杆菌平均长约 2μm，宽约 0.5μm，植物双粒病毒直径仅有 18～20nm，必须借助显微镜才能观察到。微生物的结构也非常简单，大多为单细胞，如细菌、放线菌、酵母菌，少数为多细胞，如部分霉菌、蕈菌，甚至还有一些无细胞结构，如病毒、亚病毒。

2. 代谢旺盛，繁殖快速　微生物的比表面积（表面积与体积之比）非常大，这样一个小体积大面积系统，必然有一个巨大的营养物质吸收面、代谢废物的排泄面和环境信息的交换面，为其快速生长繁殖和合成大量代谢产物奠定了基础。因此，微生物的吸收能力强，转化快，其代谢强度比高等生物要高出几百至几万倍，如 1kg 酵母菌在 24h 可使几吨糖全部转化为乙醇和 CO_2；产朊假丝酵母合成蛋白质的能力比大豆强 100 倍，比肉用公牛强 10 万倍。

微生物具有惊人的生长和繁殖速度，在合适的条件下，大肠杆菌分裂 1 次仅需 $12.5 \sim 20min$，若按平均 20min 分裂 1 次计，经过 24h，1 个细菌产生 4.72×10^{21} 个细胞，总重约 4 722t。事实上，由于营养、空间和代谢产物等因素的限制，微生物这种几何级数分裂速度充其量只能维持数小时而已。利用这一点，对有益微生物进行人工培养，在很短时间内就能获得大量的微生物个体，可以生产出对人类有用的产品，如食品、调味品、酶制剂、生物制品等；对有害微生物来说，因其大量繁殖，有些会导致人类及动植物病害的发生和流行，所以要控制其繁殖。

3. 适应性强，容易变异　微生物具有极其灵活的适应性或代谢调节机制，营养类型多种多样，既能利用光能，又能利用化学能；几乎能分解地球上的一切有机物，也能合成各种有机物，其对环境条件特别是高温、高盐、高酸、高压等极端环境具有惊人的适应力，这是其他高等生物无法比拟的。

尽管微生物的自然变异率仅为 $10^{-5} \sim 10^{-10}$，但微生物多为单倍体，加之其繁殖快、数量多，以及与外界环境直接接触等原因，在短时间内出现大量变异的后代。有益的变异可为人类创造巨大的经济和社会效益，如 1943 年青霉素的发酵水平仅有 20IU/ml，而如今已达 10 万 IU/ml；有害的变异则是人类各项事业的大敌，如各种病原菌耐药性变异，使原本得到控制的疾病变得无药可治，而各种优良菌种的生产性状的退化则会使生产无法正常维持。

4. 种类繁多，分布广泛　据估计，自然界中的微生物种类为 50 万～600 万种，而迄今为止，人类已记载的微生物总数仅有 20 万种（1995 年），其中绝大多数为较易观察和培养的真菌、藻类和原生动物等大型微生物，而且都是与人类的生活、生产关系最密切的一些种类。随着人类对微生物的不断开发、研究和利用，大量的新种被发现，微生物的种类还在急剧地增加。

微生物可以到处传播，以致达到"无微不至、无孔不入"的地步，只要条件合适，它们就可"随遇而安"。地球上除了火山的中心区域等少数地方外，从土壤圈、水圈、大气圈至岩石圈到处都有它们的踪迹。有高等生物的地方一定有微生物生活，动、植物不能生活的极端环境也有微生物存在。

第二节　微生物的主要类群及分类

一、微生物在自然界的分类地位

在生物学发展史上，曾将生物分为植物界和动物界，并把一些具有细胞壁的类群如藻类、真菌、细菌等归属于植物界，另一些不具细胞壁而能运动的类群如原生动物归属于动物界。但真菌不能营光合作用，许多细菌既可运动又可光合作用，将它们归于植物界或动物界均不合适。因此，1969 年 Whittaker首先提出了五界系统，把具有细胞结构的生物分为原核生物界、真菌界、原生生物界、植物界、动物界。1997 年根据我国学者的提议，将无细胞结构的病毒作为一界，这样便构成了生物的六界系统（表 0-1）。

表 0-1　生物六界分类系统

界　名	主要结构特征	主要类群
病毒界	无细胞结构，大小为 nm 级	病毒、亚病毒
原核生物界	原核生物，细胞中无核膜与核仁的分化，大小为 μm 级	细菌、蓝细菌、放线菌、支原体、衣原体、立克次体、螺旋体、古生菌
真菌界	小型真核生物，细胞中有核膜与核仁的分化	酵母菌、霉菌、蕈菌
原生生物界	小型真核生物，细胞中有核膜与核仁的分化	单细胞藻类、原生动物
植物界	大型非运动性真核生物，细胞中有细胞壁，能进行光合作用	苔藓植物、蕨类植物、裸子植物、被子植物
动物界	大型运动性真核生物，细胞中无细胞壁	脊椎动物、无脊椎动物

在六界系统中微生物占有四界，它既含无细胞结构的生物，也含具细胞结构的生物；既有原核生物，也有真核生物，显示了微生物分布的广泛性及其在自然界中的重要地位。

1978 年 Woese 等人通过对不同生物 16S 和 18S rRNA 寡核苷酸序列的测定，并比较其同源性，提出了三域学说，即将生物分为古生菌域、细菌域和真核生物域，目前这一学说已基本被各国学者所接受。

二、原核生物与真核生物的区别

根据生物细胞结构的不同，将细胞生物分为原核生物和真核生物，其细胞结构区别如表 0-2。

表 0‐2　原核生物细胞与真核生物细胞结构的区别

性　状	原核生物细胞	真核生物细胞
核	原核，无核膜，只有核区	完整的细胞核，有核膜、核仁和核质
染色体	仅有一条裸露双链环状 DNA	有两条以上染色体，DNA 与蛋白质结合
细胞大小	$1\sim10\mu m$	$3\sim100\mu m$
核糖体	70S（由 50S 和 30S 两个亚基组成）	80S（由 60S 和 40S 两个亚基组成）
细胞分裂	二分裂，无有丝分裂和减数分裂	有有丝分裂和减数分裂
细胞器	有间体，无内质网、线粒体等细胞器	有内质网、线粒体、叶绿体等细胞器

三、微生物的命名

　　与其他生物一样，微生物的分类单元分为界、门、纲、目、科、属、种7个基本的等级。在两个主要分类单元之间，还可添加亚门、亚纲、亚目、亚种等次要分类单元。此外，在亚种以下还有培养物、菌株和型等非正式的类群名称。

　　微生物名称分俗名和学名两类，俗名具有大众化和简明等优点，但易于重复，尤其不便于国际间的交流。而学名是某一微生物的科学名称，是按国际命名法规进行命名，并受国际学术界公认的正式名称。

　　微生物的学名表示方法采用国际上通用的"双名法"，即学名由属名和种名加词两部分构成，用斜体表示。属名在前，第一个字母大写；种名加词在后，全部小写。出现在分类学文献中的学名，在上述两部分之后还应加写首次定名人、现名定名人和现名定名年份 3 项内容。如在一般书刊中出现学名时，则不必写上后 3 项内容，如大肠埃希氏菌（大肠杆菌）的学名：

Escherichia coli （Migula）Castellani et Chalmers 1919

属名＋种名加词＋（首次定名人）＋现名定名人＋现名定名年份

　　当泛指某一属而不特指该属中任何一个种或种名未定时，可在属名后加sp. 或 spp. 表示，如 *Bacillus* sp. 表示一种芽孢杆菌，*Streptomyces* spp. 表示某些链霉菌。微生物的中文名称，有的是按学名译出的，有的则是按我国习惯重新命名的，一般也由一个种名和一个属名或属名简化名词（在后）构成。如黑曲霉、米曲霉、枯草杆菌、圆褐固氮菌等。

第三节　微生物学的发展

一、微生物学及其分科

　　微生物学是一门研究微生物的形态结构、生理生化、遗传变异、生态分布和分类进化等生命活动规律，并将其应用于农业生产、工业发酵、生物制药、生物工程和环境保护等实践领域的科学。其根本任务是发掘、利用、改善和保护有益微生物，控制、消灭或改造有害微生物，为人类社会的进步服务。随着微生物学的不断发展，已形成了基础微生物学和应用微生物学，它们又可分为许多不同的分支学科，并在不断地形成新的学科和研究领域。其主要的分科见图0-1。

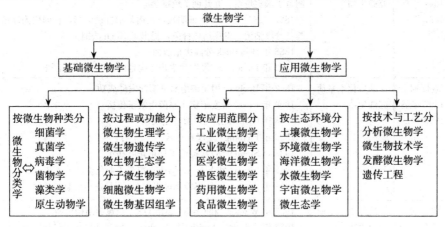

图0-1 微生物学的主要分支学科

二、微生物学的发展简史

随着显微镜的发明、微生物的发现、灭菌技术的运用和纯培养技术的建立，微生物学逐步发展，微生物的发展史是各国学者不断研究微生物的活动规律，开发利用有益微生物，控制、消灭有害微生物的历史。微生物发展可分为史前期、初创期、奠基期、发展期和成熟期5个时期，其发展过程中的重大事件如表0-3。

表0-3 微生物学的发展简史及发展中重大事件

时 期	实 质	重 大 事 件
史前期 （8 000年前 至1676年）	各国人民凭经验利用微生物	8 000年前我国已经出现了曲蘗酿酒 4 000年前我国酿酒已十分普遍 4 000年前埃及人会烘制面包和酿制果酒 141—208年华佗首创麻醉术和剖腹外科 4世纪葛洪详细记载了天花的病症及其流行方式 6世纪贾思勰在《齐民要术》详细记载了制曲、酿酒、制醋、制酱等工艺，并强调豆类和谷类作物轮作 9—10世纪我国已发明鼻苗法种痘，用细菌浸出法开采铜 16世纪G. Fracastoro提出疾病是由看不见的生物引起的观点
初创期 （1676年至 1861年）	发明显微镜，观察到大量微生物	1676年列文虎克利用自制显微镜首次观察到微生物，出于个人爱好对一些微生物进行形态描述 1857年Pasteur证明乳酸发酵是由微生物引起的

（续）

时　期	实　质	重　大　事　件
奠基期 （1861 年至 1897 年）	从生理水平研 究微生物	1861—1885 年 Pasteur 证明微生物非自然发生，建立巴氏消毒法，制备了炭疽疫苗，并开创了免疫学 1867—1884 年 Koch* 证明炭疽病由炭疽杆菌引起，首创用固体培养基分离细菌，发现结核杆菌，提出了 Koch 法则 1888 年 Beijerinck 分离出根瘤菌 1892 年 Ivanowsky 提供烟草花叶病是由病毒引起的证据
发展期 （1897 年至 1953 年）	从生化水平研 究微生物	1897 年 Buchner 用无细胞酵母菌汁发酵成功 1899 年 Ross* 证实疟疾病原菌由蚊子传播 1928 年 Griffith 发现细菌转化现象 1929 年 Fleming* 发现青霉素 1935 年 Stanley* 首次提纯了烟草花叶病毒 1943 年 Chain* 和 Florey* 形成青霉素工业化生产的工艺 1944 年 Avery* 等证实转化过程中 DNA 是遗传信息的载体
成熟期 （1953 年至今）	从分子水平研 究微生物	1953 年 Watson* 和 Crick* 提出 DNA 双螺旋结构模型 1972 年 Arber*、Smith* 和 Nathans* 发现并提纯了限制性内切酶 1973 年 Cohen 等将重组质粒成功转入大肠杆菌 1977 年 Woese 提出古生菌是特殊类群 1982 年 Prusiner* 发现朊病毒 1983 年 Françoise Barré-SinoussiLuc* 和 Montagnier* 发现人类免疫缺陷病毒（HIV） 1984 年 Mullis* 建立 PCR 技术 1989 年 Bishop* 和 Varmus* 发现癌基因 1997 年第一个真核生物（啤酒酵母）基因组测序完成 2003 年全球爆发非典型肺炎（SARS） 2005 年 Marshall* 和 Warren* 证明胃炎、胃溃疡是由幽门螺杆菌感染所致

* 为诺贝尔奖获得者。

　　据统计，20 世纪在微生物学及其相关学科中有杰出贡献而获诺贝尔生理或医学奖的约有 60 人，从另一个侧面看到了微生物学举足轻重的地位，也可见微生物学的发展对整个科学技术和社会经济的重大作用和贡献。

三、微生物学的发展展望

　　20 世纪的微生物学走过了辉煌的历程，21 世纪将是一幅更加绚丽多彩的立体画卷，在这画卷上也可能会出现我们目前预想不到的闪光点。

　　1. 生物基因组学的研究将全面展开　　所谓"基因组学"是 1986 年由 Thomas Roderick 首创，至今已发展成为一个专门的学科领域。包括全基因组的序列分析、功能分析和比较分析,是结构、功能和进化基因组学交织的学科。

21世纪微生物基因组学将在后基因组研究(认识基因与基因组功能)中发挥不可取代的作用,特别是与工业、农业、环境、资源、疾病有关的微生物。目前已经完成基因组测序的微生物主要是模式微生物、特殊微生物及医用微生物,而随着基因组作图测序方法的不断进步与完善,基因组研究将成为一种常规的研究方法,帮助我们从本质上认识微生物,利用和改造微生物将产生质的飞跃,并将带动分子微生物学等基础研究学科的发展。

2. 微生物学的研究将全面深入 以了解各种微生物之间、微生物与其他生物、微生物与环境的相互作用为研究内容的微生物生态学、环境微生物、细胞微生物学等,将在基因组信息的基础上获得长足发展,为人类的生存和健康发挥积极的作用。

3. 微生物生命现象的特性和共性将更加受到重视 微生物具有其他生物不具备的生物学特性、代谢途径和功能,例如可在其他生物无法生存的极端环境下生存和繁殖,化能营养、厌氧生活、生物固氮和不产氧光合作用等,反映了微生物极其丰富的多样性。微生物生长、繁殖、代谢、共用一套遗传密码等具有其他生物共有的基本生物学特性,反映了生物高度的统一性。微生物个体小、结构简单、繁殖快、易培养和变异,便于研究。微生物这些生命现象的特性和共性,将是21世纪进一步解决生物学重大理论问题和实际应用问题最理想的材料,如生命起源与进化,物质运动的基本规律等的研究,新的微生物资源、能源、粮食的开发利用等。

4. 与其他学科广泛的渗透、交叉,形成新的边缘学科 20世纪微生物学、生物化学和遗传学的交叉形成了分子生物学;而21世纪的微生物基因组学则是数、理、化、信息、计算机等学科交叉的结果;随着各学科的迅速发展和人类社会的实际需要,各学科之间的交叉和渗透将是必然的发展趋势。21世纪的微生物学将进一步向地质、海洋、大气、太空渗透,使更多的边缘学科得到发展。微生物与能源、信息、材料、计算机的结合也将开辟新的研究和应用领域。此外,微生物学的研究技术和方法也将会在吸收其他学科的先进技术的基础上,向自动化、定向化和定量化发展。

5. 微生物产业将呈现全新的局面 20世纪中期以来,微生物在人类的生活和生产实践中得到广泛的应用,并形成了继动、植物两大生物产业后的第三大产业。这是以微生物的代谢产物和菌体本身为生产对象的生物产业,所用的微生物主要是从自然界筛选或选育的自然菌种。21世纪,微生物产业除了更广泛地利用和挖掘不同生境的自然资源微生物外,基因工程菌将形成一批强大的工业生产菌,生产外源基因表达的产物,特别是药物的生产将出现前所未有的新局面。

随着生物技术革命的深入,微生物的应用领域也在不断拓宽,将生产各种各样的新产品,例如微生物塑料、微生物传感器、微生物燃料电池、微生物生态修复剂及病原微生物诊断的 DNA 芯片。有人预计 DNA 芯片技术将会和 PCR 技术、DNA 重组技术一样,给分子生物学和相关学科带来突飞猛进的飞跃。

第四节　微生物学与农业生产

农业微生物学是研究微生物与农业生产关系的科学。微生物与农业的关系十分密切,它在土壤肥力的提高和保持、植物病虫害防治、农产品加工、蛋白饲料生产、环境保护等方面起着极其重要的作用。

一、微生物对农业的有益作用

1. 提高土壤肥力,促进作物生长　微生物是土壤形成的推动者,也是土壤重要的组成成分。土壤中有机质分解、矿物质转化、腐殖质的形成都离不开微生物的作用。如根际微生物分解根周围土壤中复杂的有机质,使之成为植物营养的有效成分,供给植物必需的养料;微生物的固氮作用是土壤氮素化合物的重要来源,是植物的直接氮素养料和动物的间接氮素养料;还有一些土壤微生物产生生长刺激类或抗生素类物质,刺激植物生长,抑制或杀死土壤中有害微生物等。

2. 生产生物肥料和农药　微生物肥料可增加土壤中氮素或有效磷、钾的含量;促进土壤中一些植物不能直接利用的物质分解;向植物提供生长刺激物质;改善植物营养条件,调控植物生长,从而达到提高产量和改善品质,减少或降低病虫害发生的目的。

与病原微生物所引起的危害相反,有些微生物可防治植物病、虫害,如应用微生物产生的抗生素防治植物病害,应用杀虫微生物杀死农业害虫,还有些微生物能寄生于杂草上致杂草死亡,这是生物防治的重要组成部分。

3. 发酵食品和饲料　利用微生物发酵酿酒、制醋、制酱等在我国已有悠久的历史;利用农副产品的废弃物,如作物秸秆、壳皮、锯木屑、粪肥等生产各种食用菌也是我国传统的产业。

通过微生物把青饲料、粗饲料转化为发酵饲料,既可提高饲料的吸收利用效率,又为畜禽提供免疫因子,改善饲料的适口性;利用酵母菌处理制革厂、罐头厂、酒精厂的有机废水,生产细胞蛋白作为饲料和饵料;应用螺旋藻、光合细菌生产的饲料蛋白质含量高、营养全面,同时具有多种生物活性物质,更是动物的良好医疗保健品。

4. 保护环境,提供能源　微生物广泛地用于污水、生活垃圾的处理,同时微生物也是环境污染和监测的重要指示生物。利用微生物处理有机废弃物可生产沼气或乙醇，沼气可作为能源，用于做饭、取暖、照明和发电等，沼液、沼渣又可以作为生物肥料、生物农药；乙醇能代替石油用作燃料。这是生态农业中最重要的一环，实现资源的可持续利用。

二、微生物对农业的不良影响和危害

微生物在为农业生产"默默奉献"的同时，也会产生以下一些不良影响和危害：

1. 引起动植物疾病和杂菌污染 许多微生物能寄生在动植物体内，引起动植物疾病，给农业生产造成极大损失，估计我国每年由于微生物引起的病害损失在 10%～30%。在微生物发酵、食用菌生产、动植物组织培养中，微生物也会引起污染，导致纯培养失败。

2. 引起食品变质和食物中毒 微生物会使粮食、饲料、食品等发生变质，从而失去食用价值。有些微生物会产生毒素污染食物，引起人畜中毒等，如黄曲霉毒素、肉毒毒素等。

3. 造成环境污染 在富营养化水体中，蓝细菌和藻类过度生长繁殖形成"水华"或"赤潮"，消耗水体中的氧气，产生毒素，对人畜饮水、水产养殖、海洋生物的生存构成了严重威胁。

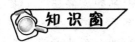

微 生 物 与 人 类

微生物与人类关系的重要性，你怎么强调都不过分。微生物是一把十分锋利的双刃剑，它们在给人类带来巨大利益的同时，也带来"残忍"的破坏。它给人类带来的利益不仅是享受，而且实际上涉及到人类的生存。微生物在许多重要产品的生产过程中起到了不可替代的作用，如面包、酒类、抗生素、疫苗、调味品、酶制剂等重要产品的生产，同时也是人类生存环境中必不可少的成员，有了它们才使得地球上的物质进行循环。此外，你还将会看到以基因工程为代表的现代生物技术的发展及其美妙的前景，也是微生物对人类作出的又一重大贡献。

然而，这把双刃剑的另一面——微生物的"残忍"性给人类带来的灾难，有时甚至是毁灭性的。人类历史上曾多次遭受严重的瘟疫流行，如鼠疫、天花、麻风和肺结核等疾病的大流行。公元 6 世纪鼠疫在地球上第一次大流行时，死亡人数约 1 亿人；14 世纪第二次流行时，死亡约 6 500 万人，其中我国死亡 1 300 万人；19 世纪末 20 世纪初第三次鼠疫流行，死亡人数约 100 万。植物病原微生物对农作物的危害同样惊人，1843—1847 年发生在欧洲的马铃薯晚疫病，毁灭了5/6的马铃薯，当时爱尔兰的800万人中，有近100万人直接饿死或间接病死，并有164万人逃往北美谋生。

如今，艾滋病（AIDS）正在全球蔓延，许多已被征服的传染病，如肺结核、疟疾、霍乱等也有"卷土重来"之势。随着环境污染的日趋严重，一些以前从未见过的新的疾病，如军团病、埃博拉病毒病以及疯牛病等又给人类带来了新的威胁。2003年非典型肺炎（SARS）所带来的危害和恐慌，仍记忆犹新。禽流感、甲型H1N1流感在全球流行也引起人们的密切关注。因此，要认识微生物，正确地使用这把双刃剑，利用有益微生物服务于人类，同时要控制有害微生物，预防传染病的发生和传染，造福于人类。

本章小结

微生物是一切微小生物的总称，具有形体小、结构简，代谢旺、繁殖快，适应强、易变异，种类多、分布广等特点。主要类群包括非细胞生物（病毒、亚病毒）、原核生物（细菌、放线菌、蓝细菌、支原体、衣原体、立克次体、螺旋体）、真核微生物（真菌、单细胞藻类、原生动物）。

微生物的发展经历了史前期、初创期、奠基期、发展期和成熟期5个时期。我国人民在史前期开始利用微生物制曲酿酒，1676年列文虎克首次发现微生物，19世纪中期，巴斯德和科赫建立了微生物学，20世纪微生物学得到全面发展，形成了许多分支学科，促进整个生命科学的发展。21世纪的微生物学将更加绚丽多彩，多学科的交叉、渗透和融合，基因组研究的深入和扩展将使微生物学的基础研究及其应用出现前所未有的局面。

微生物学与农业密切相关，一方面微生物能提高土壤肥力、促进作物生长，发酵生产微生物肥料、农药、食品、饲料，保护环境、提供能源。另一方面微生物也会引起动植物疾病、食品变质，造成食物中毒和环境污染。

复习思考题

1. 什么是微生物？它包括哪些类群？
2. 微生物的主要特点有哪些？
3. 真核生物与原核生物有哪些区别？
4. 简述微生物学发展史及各时期代表人物，描绘其发展前景。
5. 简述微生物与农业生产的关系。

第一章 微生物的形态结构和基本类群

1. 掌握细菌、放线菌、霉菌、酵母菌、病毒的形态结构。
2. 掌握细菌、放线菌、霉菌、酵母菌的菌落特征。
3. 理解细菌、放线菌、霉菌、酵母菌、病毒的繁殖方式。
4. 了解农业生产上常见微生物的主要特征。

第一节 原核微生物

原核微生物是指一大类仅含有一个 DNA 分子的原始核区而无核膜包裹的单细胞微生物，包括真细菌和古生菌两大类群。细菌、放线菌、蓝细菌、支原体、立克次体、衣原体、螺旋体等属于真细菌。

一、细　菌

细菌是一类结构简单、种类繁多、主要以二分裂方式繁殖、水生性较强的单细胞原核微生物。细菌在自然界中分布广、种类多，与人类生产和生活关系密切。

（一）细菌细胞的形态与大小

1. 细菌的形态与排列方式　细菌有杆状、球状和螺旋状 3 种基本形态（图 1-1）。自然界所存在的细菌中以杆状最为常见，球状次之，而螺旋状较为少见。

（1）杆菌　杆状的细菌称为杆菌。根据杆菌的长短、粗细及排列方式可分为：①长杆菌：菌体较长，如枯草杆菌；②短杆菌：菌体较短，或近似球菌，如甲烷短杆菌属；③棒杆菌：菌体呈棒状，如谷氨酸棒杆菌；④链杆菌：分裂后排列成链状，如乳酸链杆菌；⑤分支杆菌：在菌体一端分支，呈"Y"或叉状，如双歧杆菌。

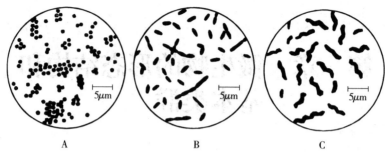

图 1-1 细菌的 3 种基本形态
A. 球菌 B. 杆菌 C. 螺旋菌

杆菌的两端有的平截，如炭疽芽孢杆菌；有的钝圆，如蜡状芽孢杆菌；有的稍尖，如梭状芽孢杆菌。

（2）球菌 球状的细菌称为球菌。根据其细胞的分裂面和子细胞分离与否，有不同的排列方式：①单球菌：如尿素小球菌；②双球菌：如肺炎双球菌；③四联球菌：如四联微球菌；④八叠球菌：如尿素八叠球菌；⑤链球菌：如乳酸链球菌；⑥葡萄球菌：如金黄色葡萄球菌（图 1-2）。

图 1-2 球菌细胞的排列方式
A. 单球菌 B. 双球菌 C. 链球菌
D. 四联球菌 E. 八叠球菌 F. 葡萄球菌

（3）螺旋菌 螺旋状的细菌称为螺旋菌。根据螺旋程度不同，将螺旋菌分为：①弧菌：螺旋不满1周，呈弧形或逗点状，如霍乱弧菌；②螺菌：螺旋在2～6周，外形坚硬，如小螺菌。

除此以外，细菌还有梨形、方形、盘碟形及三角形等罕见的形态。如柄杆菌细胞上有柄、菌丝、附器等细胞质伸出物，细胞呈杆状或梭状。

细菌的形态受环境条件影响较大，如培养时间、温度、培养基中的物质组成与浓度等发生改变时，都会引起细菌形态的改变。细菌处于幼龄时期及生长条件适宜时，其形态正常、生长整齐，表现出自身特定的形态。若培养时间过长，或处于不适宜的培养条件中，细胞常出现不正常形态，如细胞膨大、出现梨形、产生分枝、伸长成丝状等不规则形态。若将这些异形细胞重新转移到新鲜培养基或适宜的培养条件下，又可恢复原来的形态。

2. 细菌细胞的大小　度量细菌细胞大小的单位是微米（μm）。细菌的大小随种类不同差异较大（图1-3）。球菌的大小以直径来表示，大多数球菌的直径为$0.2\sim1.0\mu m$；杆菌和螺旋菌用宽度×长度来表示，杆菌一般为$0.2\sim2.0\mu m\times1.0\sim$

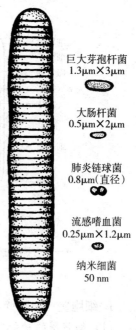

颤蓝细菌(一种蓝细胞)
$5\mu m\times40\mu m$

巨大芽孢杆菌
$1.3\mu m\times3\mu m$

大肠杆菌
$0.5\mu m\times2\mu m$

肺炎链球菌
$0.8\mu m$(直径)

流感嗜血菌
$0.25\mu m\times1.2\mu m$

纳米细菌
50 nm

图1-3　几种细菌细胞
大小的比较

$10.0\mu m$，螺旋菌一般为$0.3\sim1.0\mu m\times1.0\sim5.0\mu m$，其长度是指可见长度，而不是真正长度，即弯曲菌体两端点的总长度。

影响细菌细胞形态变化的因素同样也影响细菌的大小，一般幼龄细菌比老龄细菌大，培养基中的渗透压增加也会导致细胞变小。

典型细菌的大小可用大肠杆菌作代表，其细胞的平均长度约$2\mu m$，宽度约$0.5\mu m$。也就是说，1 500个大肠杆菌"头尾"相接等于1粒芝麻长，120个"肩并肩"地紧靠在一起才有人的1根头发粗。至于它的重量则更是微乎其微，大约10^9个大肠杆菌细胞才1mg重。迄今所知最大的细菌是纳米比亚硫黄珍珠菌，其大小一般为$0.1\sim0.3$mm，有些可达0.75mm，肉眼可见；而最小的是纳米细菌，其细胞直径仅有50nm，比最大的病毒还要小。

（二）细菌细胞的结构

细菌细胞的模式构造如图1-4。其中把一般细菌都有的构造称为一般构造，如细胞壁、细胞膜、细胞质、核区等。而把部分细菌具有的或一般细菌在特殊环境下才有的构造称为特殊构造，如鞭毛、菌毛、糖被和芽孢等。

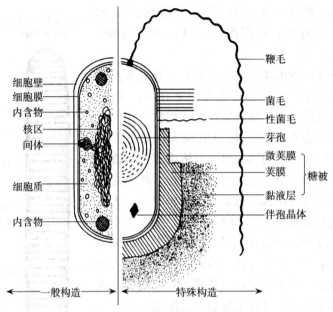

图1-4　细菌细胞结构模式图

1. 细胞壁　细胞壁是位于细菌细胞外的一层坚韧而富有弹性的外被。

（1）细胞壁的功能　主要功能有：①固定细胞外形；②保护细胞免受外力的损伤；③阻拦酶蛋白和某些抗生素等大分子物质进入细胞，保护细胞免受溶菌酶、消化酶和青霉素等物质的损伤；④为正常细胞生长、分裂和着生鞭毛等所必需；⑤赋予细胞的特定抗原性、致病性以及对抗生素、噬菌体的敏感性。失去细胞壁后，各种形状的细菌将变成球形，而且对渗透压特别敏感。

（2）细胞壁的化学成分　细胞壁的主要化学成分是肽聚糖，又称黏肽、胞壁质。肽聚糖的结构如图1-5A所示，每一肽聚糖单体由双糖单位、四肽尾、肽桥三部分组成（图1-5B）：

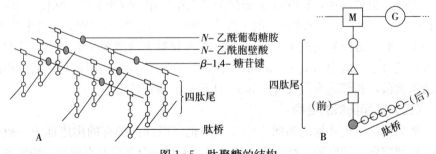

图1-5　肽聚糖的结构
A. 整体结构　B. 单体结构

①双糖单位 由 N-乙酰葡萄糖胺（简写为 G）和 N-乙酰胞壁酸（简写为 M）重复交替间隔排列，通过 β-1,4 糖苷键连接构成聚糖骨架链。

②四肽尾 由 4 个氨基酸分子连接而成的短肽所组成，短肽侧链通过肽键连接在聚糖骨架链的 N-乙酰胞壁酸的乳酰基上。

③肽桥 相邻肽尾之间互相交联形成高强度的网状结构。

肽聚糖是真细菌细胞壁的主要成分，凡能破坏肽聚糖结构或抑制其生物合成的物质，都会损伤细菌细胞壁，甚至导致细胞死亡。如溶菌酶能切断双糖之间 β-1,4 糖苷键，从而破坏肽聚糖骨架，引起细菌细胞裂解。而青霉素能干扰肽桥与相邻短肽侧链上的连接，使细菌细胞不能合成完整的细胞壁，从而导致细菌死亡。而人和动物细胞没有细胞壁，也无肽聚糖，因此这两类细胞对溶菌酶和青霉素都不敏感。

（3）细菌的革兰染色 革兰染色是由丹麦医生 C. Gram 于 1884 年创立的，通过染色把细菌分成革兰阳性菌（G⁺）与革兰阴性菌（G⁻）两大类。现在知道细菌出现不同的显色反应与细菌细胞壁的结构和化学成分有关。

①革兰阳性菌细胞壁 厚 20～80nm，肽聚糖层 15～50 层，占细胞壁干重的 50%～80%，肽聚糖交联度可达 75%。相邻四肽通过肽间桥交联，肽间桥的氨基酸组成因菌种而异。

革兰阳性菌细胞壁还含有磷壁酸、分支菌酸、M 蛋白和葡萄球菌 A 蛋白等物质。磷壁酸又称垣酸，为大多数 G⁺ 细胞壁的特有成分，由多个核糖醇或甘油组成的一种酸性多糖。

②革兰阴性菌细胞壁 较薄，一般 10～15nm。但细胞壁结构较阳性菌复杂，可以区分为两层，即外膜和肽聚糖层。肽聚糖层只有 1～3 层，占细胞壁干重的 10%～20%。肽聚糖层之间没有肽桥，由四肽侧链直接交联，不能形成三维结构，交联度只有 25%，整体结构较疏松。

在 G⁻ 肽聚糖层外面还有一层外壁层，其化学成分从内到外分别是脂蛋白、磷脂和脂多糖，也称为脂多糖层。脂多糖是 G⁻ 细胞壁的特有成分，位于细胞壁最外层，厚 8～10nm，它由类脂 A、核心多糖和 O-特异侧链 3 部分所组成。

G⁺ 与 G⁻ 细胞壁构造的比较如图 1-6。革兰染色原理和方法见实验实训二。

（4）缺壁细菌 尽管细胞壁是细菌的基本构造，但在长期进化、自发突变以及人为方法处理后细菌细胞壁会发生缺损或无细胞壁，已知的缺壁细菌有：

①原生质体 是指用溶菌酶除去 G⁺ 细胞壁或用青霉素抑制细胞壁的合成后，得到细胞壁完全脱去，仅由细胞膜包裹着的细胞。

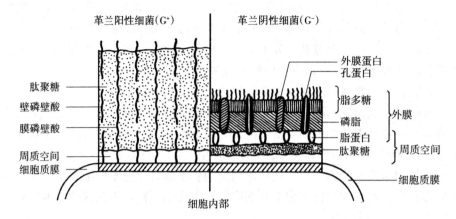

图 1-6　革兰阳性菌与革兰阴性菌细胞壁构造的比较

（微生物学教程．第 2 版．周德庆．2002）

②球状体　是指用溶菌酶除去 G^- 细胞壁后，得到还残留部分细胞壁的球形细胞。

原生质体和球状体失去了细胞壁的保护，对渗透压十分敏感，但有完整的细胞膜和原生质结构，依然有生物活性，而且在适宜的条件下其细胞壁还能再生。它们在基因工程中有重要作用，有助于 DNA 和质粒提取，以及方便外源DNA 进入，是研究遗传物质交换和重组的理想材料。

③L 型细菌　L 型细菌是指通过自发突变而形成的遗传性稳定的细胞壁缺损菌株。其细胞膨大，对渗透压十分敏感，在固体培养基表面形成"油煎蛋"似的小菌落。

④支原体　是在长期进化过程中形成的、适应自然生活条件的无细胞壁的细菌。详见本章"支原体"。

2. 细胞膜　细胞膜又称细胞质膜，是一层紧贴在细胞壁内侧、柔软而富有弹性的半透性薄膜。通过质壁分离、选择性染色、原生质体破裂或电子显微镜观察等方法，可以证明细胞膜的存在。

（1）细胞膜的结构和成分　与其他生物一样，细菌细胞膜也是单位膜（图1-7）。在电镜下观察，细胞膜呈 3 层，两层暗的电子致密层中间夹着一层较亮的电子透明层。细胞膜的主要成分是脂质（20%～30%）、蛋白质（60%～70%）和少量糖类（2%）。

细胞膜的脂质主要是磷脂，每一磷脂分子由一个带正电荷且能溶于水的极性头和一个不带电荷、不溶于水的非极性尾所构成。极性头朝向膜的内外两个表面，呈亲水性；而非极性的疏水尾则埋藏在膜的内层，从而形成一个磷脂双

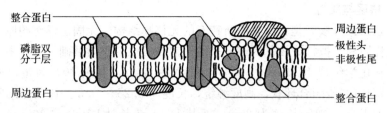

图 1-7　细胞膜构造模式图

分子层。

磷脂的种类因菌种和培养条件而异，真细菌中为磷酸甘油酸，古生菌则为分支的类异戊二烯甘油醚。细胞膜的蛋白质种类达 200 余种，紧密结合于膜的蛋白质称为整合蛋白；分布于双分子层的内外表面，疏松地附着于膜的称为周边蛋白。

（2）细胞膜的功能　细胞膜的主要功能有：①控制细胞内、外营养物质和代谢废物的运输和交换；②维持细胞内正常渗透压的屏障作用；③参与细胞壁各种组分和糖被等大分子生物合成；④参与产能代谢，是进行光合磷酸化和氧化磷酸化的产能基地；⑤许多酶（β-半乳糖苷酶、ATP 酶）和电子传递链组分的所在部位。

（3）内膜系统　与真核生物不同，细菌没有叶绿体、线粒体等有单位膜的细胞器，但许多革兰阳性细菌、光合细菌、硝化细菌、固氮细菌等的细胞膜内陷或折叠形成形态多样的内膜系统，它们一方面伸入细胞质内，另一方面又同细胞膜相连，虽然不是独立的细胞器，但在代谢中起重要作用。如间体促进细胞间隔的形成，并与遗传物质的复制及其相互分离有关；载色体是光合细菌进行光合作用的场所；羧酶体是自养细菌固定 CO_2 的场所。

3. 细胞质及其内含物　细胞质是细胞膜包围的，除核区外的一切半透明、胶状、颗粒状物质的总称。其主要成分是蛋白质、核糖核酸、类脂、多糖、无机盐和水分等。

（1）核糖体　核糖体是合成蛋白质的场所，细菌的核糖体为 70S 核糖体，由 30S 和 50S 两个亚基组成。在细菌中，80%～90% 核糖体串联在 mRNA 上以多聚体形式存在。链霉素等抗生素可抑制核糖体 30S 亚基的合成，从而抑制细菌蛋白质的合成，但对人的 80S 核糖体不起作用。

（2）颗粒状内含物　这些颗粒一般较大，由单层膜包围，经适当染色后可在光学显微镜下观察到。根据其化学性质和功能分为聚 β-羟丁酸（PHB）、异染粒、多糖、硫颗粒、气泡等。它们在营养物质过剩时积累，当营养物质缺乏时又被分解利用，因而也称贮藏性颗粒。

4. 核区与质粒

（1）核区　核区是原核生物所特有的无核膜结构、无固定形态的原始细胞核，又称原核、拟核或核基因组，是传递遗传信息的物质基础。原核中不含组蛋白，在化学组成上 DNA 占 60%，RNA 占 30%，其余 10% 为蛋白质。其 DNA 呈双链共价闭合环状，高度缠绕，长度为 0.25～3mm，比菌体细胞长若干倍，如 E. coli 细胞长度为 $2\mu m$，而其 DNA 链长达 1 100～1 400μm，约有 5×10^6 个碱基对，含约 5 000 个基因。

（2）质粒　质粒是游离于细菌染色体之外，或附加在细菌染色体之上，共价闭合环状的超螺旋小型 DNA。大小约为染色体 DNA 分子质量的 1%，含几个到上百个基因。

细菌的质粒携带着决定细菌某些遗传特性的基因，如致育、致病、抗药、产毒、固氮、产生抗生素和色素等基因。质粒具有独立复制的功能，同时也能复制与它相连接的外来 DNA 片段，并维持许多代，细菌细胞分裂时也可转移到子代细胞中。有时质粒还能携带一定 DNA 片段在细胞之间转移。因此，质粒已成为基因工程中被广泛采用的基因载体。

5. 糖被　糖被是在某些细菌细胞壁之外包裹着一层厚度不定的胶状黏性物质。糖被不易着色，用碳素墨水进行负染色后，可在光学显微镜下清楚地观察到细菌的糖被。

（1）糖被的类型　按糖被有无固定层次、层次厚薄可分为以下 3 类：

①大荚膜　较厚（约 200nm），具有一定外形和明显的外缘，能相对稳定地附着在细胞壁外。用负染色方法，在光学显微镜下观察到的黑色背景与菌体细胞壁之间的透明区即是大荚膜（图 1-8）。

②微荚膜　较薄（<200nm），与细胞表面结合较紧密，在光学显微镜下看不到，但能用血清学方法证明其存在，易被蛋白酶消化。

③黏液层　量大且与细胞结合较松散，无明显边缘，可扩散到培养基中，在液体培养基中会使培养基的黏度增加。

有的细菌能分泌黏液将许多菌体黏合在一起，形成一定形状的黏胶物，称为菌胶团，如动胶菌属，它是细菌群体的一个共同糖被。

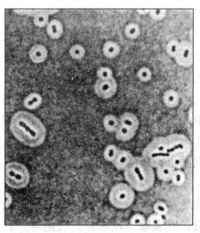

图 1-8　细菌的糖被

（2）糖被的化学成分　糖被含 90% 的

水分，不同细菌的组成成分有差异。大多数细菌的糖被由多糖组成，如肠膜状明串珠菌的糖被组分是纯多糖，肺炎克雷伯氏菌的糖被是杂多糖。少数细菌的糖被为多糖与多肽的复合物，如巨大芽孢杆菌是多糖与多肽复合物，痢疾志贺氏菌的糖被为多肽—多糖—磷复合物。

糖被的形成与细菌的遗传性和环境条件有关，一般在动物体内或营养丰富培养基中容易形成，而在普通培养基上，糖被易消失。产糖被细菌在固体培养基上形成表面湿润、有光泽、黏液状的光滑型（S型）菌落，不产糖被的细菌形成表面干燥、粗糙的粗糙型（R型）菌落。

（3）糖被的功能　糖被的主要功能有：①保护作用：糖被富含水分，可保护细菌免受干旱损伤，以及免受噬菌体的侵害和吞噬细胞的吞噬；②贮藏养料：糖被是聚合物，可以在营养缺乏时重新利用；③致病作用：糖被与一些病原菌的致病性有关，如S型肺炎双球菌靠其糖被致病，R型则无致病性；④堆积代谢废物。

细菌的糖被与生产实践有较密切的关系。人们可以从肠膜状明串珠菌的糖被中提取葡聚糖以制备代血浆或葡聚糖凝胶试剂；利用产生菌胶团的细菌分解和吸附有害物质的能力来进行污水处理。

6. 鞭毛和菌毛

（1）鞭毛　鞭毛是着生于细菌细胞膜上，穿过细胞壁伸展到菌体细胞之外的、细长呈波状的丝状物，是细菌的运动器官。鞭毛是由鞭毛丝、鞭毛钩、基体3部分组成，主要成分为鞭毛蛋白。鞭毛长 $15\sim20\mu m$，为菌体的若干倍，但直径仅有 $10\sim20nm$，需借助电子显微镜或经特殊鞭毛染色后在光学显微镜下观察到。此外通过观察细菌水浸片或悬滴标本中的运动情况，以及固体培养基上菌落特征，或经穿刺培养观察培养特征，也可判断细菌是否生有鞭毛。

鞭毛的有无和着生方式是细菌分类和鉴定的重要形态学指标。所有的弧菌、螺菌、假单胞菌、近半数的杆菌和少数球菌有鞭毛。根据鞭毛着生的位置和数量，可把有鞭毛的细菌分为以下几种类型（图1-9）：①偏端单毛菌：如霍乱弧菌；②两端单毛菌：如鼠咬热螺旋体；③偏端丛毛菌：如荧光假单胞菌；④两端丛毛菌：如深红螺菌；⑤周生鞭毛菌：如大肠杆菌。

（2）菌毛　菌毛是一种生长在细菌

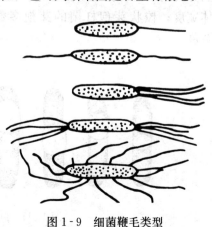

图1-9　细菌鞭毛类型

体表的纤细、中空、短直且数量较多的蛋白质类附属物。菌毛较鞭毛细、短、直，长 $0.2\sim2.0\mu m$，直径 $3\sim10nm$。但数量较多，每个细菌有 $250\sim300$ 条菌毛，且周身分布（图1-10）。菌毛多存在于 G^-，如大肠杆菌、沙门菌、假单胞菌等，少数 G^+ 也有菌毛，如链球菌属等。菌毛赋予菌体黏附于物体表面的能力，也是一种重要的抗原。

（3）性毛　也称性菌毛，构造和成分与菌毛相同。但比菌毛稍长，数量仅 $1\sim4$ 根。性毛存在于 G^- 的雄性菌株中。其功能是向雌性菌株传递遗传物质，有的性毛还是 RNA 噬菌体的特异性吸附受体。

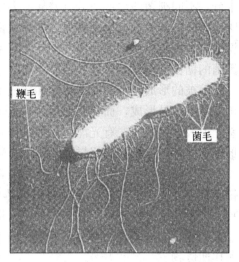

图1-10　电镜下沙门菌鞭毛和菌毛

7. 芽孢与伴孢晶体

（1）芽孢　芽孢是某些细菌在其生长发育后期，在菌体内形成的一种折光性强、具有抗逆性的休眠体。一般每个细胞只形成一个芽孢，能产生芽孢的细菌主要为 G^+ 杆菌，即好氧的芽孢杆菌属和厌氧的梭菌属，芽孢八叠球菌属、芽孢乳杆菌属和颤螺菌属也可形成芽孢。

芽孢呈圆形或椭圆形，壁厚，染色时不易着色，需用强染色剂进行加热染色。芽孢的形状、大小和在菌体内的位置因菌种而异（图1-11），是细菌分类的形态特征之一。芽孢杆菌的芽孢大多位于菌体中央，一般不大于菌体宽度；梭状芽孢杆菌的芽孢多数位于菌体偏端或顶端，通常大于菌体宽度。

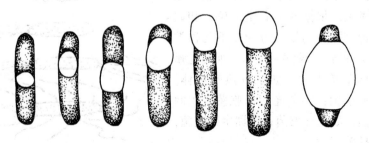

图1-11　细菌芽孢的几种类型

成熟的芽孢具有多层结构（图
1-12）。从外到内依次为：①芽孢
外壁：主要成分是蛋白质、糖类、
脂质，起保护作用；②芽孢衣：
3～15层，主要含疏水性的角蛋白
以及少量磷脂蛋白。芽孢衣非常致
密，透性很差，对酶类和表面活性
剂具有很强的抗性；③皮层：约占
芽孢体积的一半，主要成分为芽孢
所特有的芽孢肽聚糖和吡啶二羧酸
钙盐，不含磷壁酸，皮层的渗透压
很高，赋予芽孢异常的抗热性；④

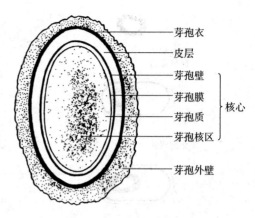

芽孢衣
皮层
芽孢壁
芽孢膜
芽孢质
芽孢核区
核心
芽孢外壁

图 1-12 细菌芽孢结构模式图

芽孢核心：由芽孢壁、芽孢膜、芽孢质和芽孢核区四部分构成，内含核糖体和
DNA。

芽孢的代谢活性很低，在普通条件下其生活力可保存几年至几十年。芽孢
对热、干燥、辐射、化学药物等具有高度的抗性，如肉毒梭菌在100℃沸水
中，要经过5.0～9.5h才被杀死，温度升至121℃时，也需10min才能被杀
死，而其营养细胞在50℃几分钟即被杀死。一些产芽孢细菌是强致病菌，如
炭疽芽孢杆菌、肉毒梭菌等。因此在实践中以杀灭强致病性和耐高温细菌的芽
孢来制定灭菌的标准。

芽孢具有极强的抗热性是由于芽孢皮层的离子强度高，具有极高的渗透
压，从而使核心部分大量失水，造成高度失水状态。另外，通过芽孢内大量存
在的吡啶二羧酸钙盐整合作用，使芽孢内的生物大分子形成耐热的稳定性凝
胶。芽孢的抗化学药物能力，主要是由于芽孢衣的通透性很差以及芽孢原生质
的高度失水状态。而芽孢衣中富含半胱氨酸，也使芽孢具有较强的抗辐射
能力。

产芽孢细菌通常是在必需的养料耗尽，停止生长时形成芽孢。从形态
上看，芽孢形成可分为7个阶段（图1-13）。芽孢的抗逆性和休眠特性
有助于产芽孢细菌渡过困境，芽孢在适宜的条件下可以萌发，形成营养
细胞。

（2）伴孢晶体 苏云金芽孢杆菌在其形成芽孢的同时，会在芽孢旁形成一
颗菱形或双椎形的碱溶性蛋白晶体（即δ内毒素），称为伴孢晶体。由于伴孢
晶体对200多种昆虫尤其是鳞翅目的幼虫有毒杀作用，因而可将苏云金芽孢杆
菌制成杀虫剂。

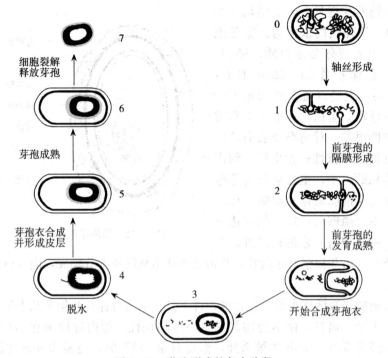

图 1-13　芽孢形成的各个阶段

（三）细菌的繁殖

二等分裂繁殖是细菌最主要、最普遍的繁殖方式。细菌进行裂殖时，首先 DNA 复制，两条 DNA 链各自形成一个核区，同时细胞膜在赤道带附近内陷，在两个核区中间形成横隔膜，使细胞质分开。然后细胞壁也向细胞中心延伸，将横隔膜分成两层，接着细胞壁也分成两层，形成两个子细胞的细胞壁，最后分裂成两个大小一致、独立的子细胞。

除二等分裂繁殖外，少数细菌还以其他方式进行繁殖。如柄细菌进行不等二分裂，形成大小不等的两个子细胞；而红微菌、生丝微菌、梨菌等附器细菌，能在其菌丝顶端形成子芽，进行出芽繁殖；暗网菌进行三分裂，形成两个相对的"丫"型结构，呈三维网状；蛭弧菌则以多分裂方式在其宿主细胞内形成多个子细胞。

（四）细菌的菌落特征

在固体培养基上，由一个或多个同种微生物细胞经过生长繁殖，形成肉眼可见的、有一定形态构造的子细胞群体称为菌落。如果菌落是由一个单细胞繁殖而来，则它就是一个纯种细胞群或克隆。当固体培养基表面众多菌落连成一片时称为菌苔。

不同微生物在特定培养基上生长形成的菌落一般都具有稳定的特征（图1-14），是微生物分类鉴定和判断纯度的重要依据。

图 1-14　微生物的菌落特征

（微生物学．第2版．沈萍，马向东．2006）

细菌菌落特征是：湿润、光滑、黏稠、易挑取，质地均匀，菌落各部位的颜色一致等。但不同细菌的菌落具有自己的特有特征，如无鞭毛菌常形成小而突起、边缘极其圆整的菌落，有鞭毛菌形成大而扁平、边缘多缺刻的菌落；有糖被的细菌形成表面光滑、透明，形状较大的菌落，无糖被菌则表面较粗糙；芽孢菌的菌落表面粗糙、有褶皱感，外形及边缘不规则。

细菌在液体培养时不能形成菌落，但可使培养液变混浊，或在液体表面形成菌膜，或产生絮状沉淀。

（五）农业上常见的细菌

细菌的种类多，广泛分布在自然界中。细菌给人的最初印象常常是有害的，甚至是可怕的。随着微生物学的发展，发掘和利用了大量的有益细菌，给农业生产带来巨大的经济效益。农业上常见的细菌见表1-1。

表 1-1　农业上常见的细菌

种　类		主 要 特 征	代 表 种	与农业的关系
革兰阴性菌	固氮细菌	杆状或球状，无芽孢，能运动，有荚膜，好氧，可自生固氮	圆褐固氮菌	固氮菌肥料
	根瘤菌	杆状，无芽孢，能运动，有荚膜，好氧，能与豆科植物共生固氮	大豆根瘤菌	根瘤菌肥料

（续）

种 类		主 要 特 征	代 表 种	与农业的关系
革兰阴性菌	假单胞菌	杆状，无芽孢，能运动，好氧	青枯病单胞菌	植物病原菌
	肠道细菌	杆状，无芽孢，能运动，兼性厌氧，存在于动物肠道和水中	欧文氏菌 大肠杆菌	植物病原菌
	硝化细菌	杆状或球状，无芽孢，严格好氧，有鞭毛，能将氨转化成硝酸	硝酸杆菌 亚硝酸球菌	为植物生长提供硝态氮
	硫氧化菌	杆状，无芽孢，能运动，能将硫元素和无机硫化物氧化成硫酸	硫杆菌	为植物提供硫素营养
	黏细菌	杆状，无芽孢，无鞭毛，壁薄，靠分泌的黏液在固体表面滑行	食纤维菌 生孢食纤维菌	分解纤维素
	甲基营养菌	杆状或球状，以一碳化合物为能源和碳源	甲基单胞菌 甲基球菌	生产单细胞蛋白
	螺菌	螺旋状或弧状，无芽孢，能运动，好氧或微好氧	固氮螺菌	根际固氮
	光合细菌	杆状或螺旋状，无芽孢，能运动，厌氧，能进行光合作用	紫色细菌 绿色细菌	复合菌剂
革兰阳性菌	链球菌	球状，无芽孢，不能运动，兼性厌氧	乳酸链球菌	乳酸发酵
	乳酸杆菌	杆状，无芽孢，不能运动，好氧或兼性厌氧	植物乳杆菌	青贮饲料
	芽孢杆菌	杆状，芽孢不大于菌体，能运动，好氧或兼性厌氧	巨大芽孢杆菌 苏云金杆菌	细菌肥料 细菌农药
	芽孢梭菌	杆状，芽孢梭状，能运动，严格厌氧	热纤梭菌	分解纤维素

二、放 线 菌

　　放线菌是一类呈菌丝状生长、以孢子繁殖和陆生性强的原核微生物。与细菌有许多共同特性：①都有原核；②菌丝直径与细菌相仿；③细胞壁主要成分是肽聚糖，大多数放线菌革兰染色呈阳性；④核糖体同为 70S；⑤最适生长pH 与多数细菌的生长 pH 相近，一般呈微碱性；⑥凡细菌所敏感的抗生素，放线菌也同样敏感；⑦对溶菌酶敏感。

　　放线菌在自然界分布很广，如土壤、水域、空气、食品、动植物的体表和体内，尤其适宜在含水量较低、有机物丰富的中性或偏碱性土壤中生存。泥土所特有的"泥腥味"主要是放线菌产生的代谢物引起的。

　　放线菌最突出的贡献是能产生各种抗生素，目前使用的 60％以上的抗生素是由放线菌产生的。放线菌与农业的关系也极为密切，如农用链霉素、井冈霉素、多抗霉素、庆丰霉素等抗生素都是由放线菌生产的。微生物肥料"5406"是由泾阳链霉素生产的，弗兰克菌属一些放线菌能与非豆科植物形成根瘤进行共生固氮。放线菌还有很强的分解纤维素的能力，在自然界物质循环和提高土壤肥力等方面有着重要的作用。另外少数放线菌能引起植物病害，如马铃薯和甜菜的疮痂病等。

（一）放线菌的形态构造

放线菌的形态多样，有杆状或丝状，大部分放线菌由分枝菌丝组成，这里以链霉菌为例来阐述其一般的形态构造。

链霉菌细胞呈分枝丝状，按菌丝形态和功能可分为基内菌丝、气生菌丝和孢子丝（图1-15）。

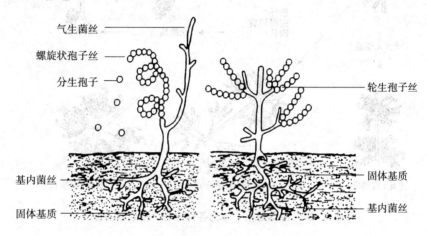

图1-15　链霉菌的形态、构造模式图

（微生物学教程．第2版．周德庆．2002）

1. 基内菌丝　又称基质菌丝，生长在培养基内部或表面，无横隔，细胞内有多个原核。菌丝直径0.5～1μm，长度不定，颜色较浅。可产生黄、红、紫等各种颜色的水溶性或脂溶性色素，使培养基着色。其主要功能是吸收营养和排泄代谢废物。

2. 气生菌丝　基内菌丝长出培养基后伸向空间，并分化出较粗、颜色较深的气生菌丝。其功能是分化形成孢子丝。

3. 孢子丝　孢子丝是气生菌丝生长到一定阶段特化形成的丝状物。孢子丝的形态和排列方式多样（图1-16），有直立、波曲、钩状、螺旋状、丛生、轮生等，其中螺旋状较常见。孢子丝的功能是形成孢子，起繁殖作用。孢子丝生长到一定阶段即产生分生孢子。

链霉菌是否产生色素以及色素颜色、孢子丝的形态和排列方式、分生孢子的形状都由其遗传性决定，可作为链霉菌分类鉴定的重要形态指标。

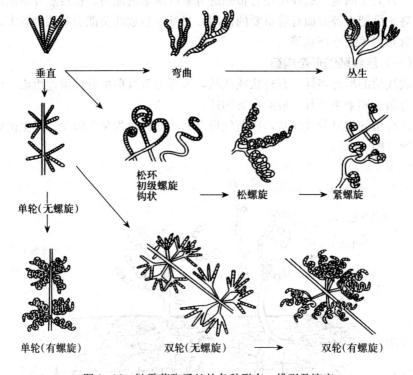

图 1-16 链霉菌孢子丝的各种形态、排列及演变

（二）放线菌的繁殖

放线菌主要通过产生无性孢子和菌丝断裂进行繁殖，以前者最为常见。放线菌产生的无性孢子有两种：一种是大多数放线菌都能产生的分生孢子，其过程是先在气生菌丝顶端特化形成孢子丝，然后形成横隔，同时细胞壁变厚收缩，分别形成单个细胞。最后细胞成熟形成一串成熟的分生孢子。另一种是形成孢囊孢子，如游动放线菌属和链孢囊菌属等一些放线菌，在气生菌丝或基内菌丝一端膨大形成孢囊，成熟后释放出大量的孢囊孢子。有些不产孢子的放线菌，如诺卡氏菌属可通过菌丝断裂成短杆状细胞的方式进行繁殖。

（三）放线菌的菌落特征

由于放线菌菌丝有基内菌丝和气生菌丝的分化，气生菌丝到成熟时又会分化成孢子丝并产生成串的干粉状孢子，因此放线菌的菌落明显不同于细菌的菌落。放线菌菌落特征是：表面质地致密、干燥、不透明、丝绒状或有皱褶，边缘呈辐射状，上有一层不同颜色的干粉，菌落和培养基连接紧密，难以挑取；产色素的放线菌菌落的正反面颜色常不一致。

三、蓝细菌

蓝细菌是一类含有叶绿素 a、能进行产氧光合作用的原核微生物。过去曾被称为蓝藻或蓝绿藻。蓝细菌与真核生物中藻类的最大区别在于它无叶绿体，无真核，有70S核糖体，细胞壁中含有肽聚糖，因而对青霉素和溶菌酶十分敏感等。

蓝细菌广泛分布在各种河流、湖沼和海洋等水体中。蓝细菌对不良环境有较强的抵抗力，可在温泉、盐湖等极端环境生存，一些蓝细菌能与真菌、苔藓、蕨类、苏铁科植物、珊瑚甚至一些无脊椎动物共生。还有一些蓝细菌有固氮能力，能在贫瘠的土壤和荒漠的岩石上生长，是岩石分解和土壤形成的"先驱生物"。在农业上，尤其是热带和亚热带地区，在水稻田中培养固氮蓝细菌作为生物肥源，提高土壤肥力。

（一）蓝细菌的形态结构

蓝细菌有单细胞和丝状体两大类群。单细胞类群呈球状、椭圆状或杆状，如黏杆蓝细菌属、皮果蓝细菌属等。丝状蓝细菌是由许多细胞排列而成的群体（图1-17），包括产生异形胞的丝状蓝细菌（鱼腥蓝细菌属）和分枝的丝状蓝细菌（飞氏蓝细菌属）。蓝细菌的细胞一般比细菌细胞大，如聚球蓝细菌大小为 $0.5\sim1\mu m$，而巨颤蓝细菌可达到 $60\mu m$。

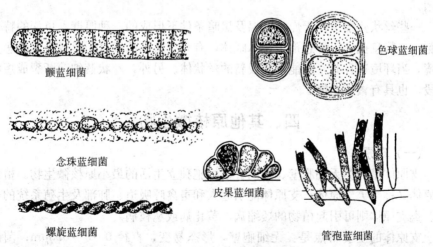

颤蓝细菌

色球蓝细菌

念珠蓝细菌

皮果蓝细菌

螺旋蓝细菌

管孢蓝细菌

图1-17 几种蓝细菌的形态
（微生物学教程．第2版．周德庆．2002）

蓝细菌细胞构造与 G^- 类似。细胞壁有内外两层，外层为脂多糖层，内层为肽聚糖层。许多种类在细胞壁外还分泌有胞外多糖，有黏液层或鞘衣，无鞭毛，但能作滑行运动，并表现出一定趋光性和趋化性。

蓝细菌细胞内进行光合作用的部位称类囊体，它是由多层膜片叠加形成片层状的内膜结构，以平行或卷曲的方式分布在细胞膜附近。在类囊体的膜上含有叶绿素 a、β-胡萝卜素、类胡萝卜素和光合电子传递链的有关组分。由于色素比例不同，故呈现出从绿、蓝到红的不同颜色。许多蓝细菌含有羧酶体，可进行 CO_2 的固定。有的蓝细菌细胞质中还含有气泡，能使菌体漂浮于光线适宜的水层，以利于光合作用。

有些蓝细菌能在丝状体中间或顶端形成异形胞（图1-18）。异形胞是蓝细菌特有的一种特化细胞，是进行固氮作用的场所。一般呈圆形，壁较厚，颜色较浅，在细胞两端有折光率较高的颗粒。多存在于呈丝状生长的种类中，如鱼腥蓝细菌属、念珠蓝细菌属和单歧蓝细菌属。

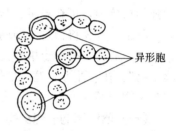

图1-18　蓝细菌的异形胞

（二）蓝细菌的繁殖

蓝细菌通过无性方式繁殖，类群不同繁殖方式有差异，主要方式是裂殖，单细胞类群中的黏杆蓝细菌进行二分裂，皮果蓝细菌为多分裂。大多数丝状蓝细菌细胞分裂是单平面的，如鱼腥蓝细菌和颤蓝细菌等。而分支的丝状蓝细菌进行多平面方向的分裂，如飞氏蓝细菌。

一些丝状蓝细菌在干燥、低温及黑暗条件下形成的一种厚壁、色深的特化细胞——静息孢子。静息孢子是休眠体，有利于蓝细菌渡过干旱或低温等恶劣环境，当环境适宜时，又能萌发成新的丝状体。另外，丝状蓝细菌断裂成短的片段，也具有繁殖功能。

四、其他原核微生物

（一）支原体

支原体是一类无细胞壁、能离开活细胞独立生活的最小原核微生物。植物支原体又称为类支原体。支原体能引起人和畜禽呼吸道、肺部及生殖系统的炎症。类支原体则可引起植物的矮缩病、黄化病或丛枝病。

支原体的主要特点是：无细胞壁，形态易变，直径 $0.15 \sim 0.3 \mu m$；菌体柔软，可通过细菌滤器，对渗透压敏感；G^-，对抗生素、表面活性剂和醇类敏感，对青霉素等抗生素和溶菌酶不敏感；形成直径 $0.1 \sim 1.0 mm$ 的小菌落，并呈特有的"油煎蛋"状；培养要求苛刻，在含血清、酵母膏等营养丰富的培养基上才能生长。

（二）立克次体

立克次体是一类专性寄生于真核细胞内的原核微生物。它主要寄生在动物细胞内，少数寄生在植物细胞中，被称作类立克次体。

立克次体主要特点是：细胞自杆状至球状或丝状等；大小一般为 $0.3\sim0.6\mu m\times0.8\sim2\mu m$；$G^-$，对四环素、青霉素等抗生素敏感；对热敏感，在 56℃以上 30min 即被杀死；专性寄生，可用鸡胚、敏感动物或合适的组织培养物培养。

立克次体的宿主一般为虱、蚤、蜱、螨等节肢动物，并可传至人或其他脊椎动物。在节肢动物的粪便中常有大量立克次体存在，当人体受到虱等的叮咬时，它们乘机排粪于皮肤上。在人随便抓痒之际，虱粪中的立克次体便从伤口进入血流。引起人类感染的主要有普氏立克次体、斑疹伤寒立克次体和恙虫病立克次体。

（三）衣原体

衣原体是一类能通过细菌滤器、专性寄生的原核微生物。衣原体虽有一定代谢能力，但缺少独立的产能系统，必须依靠寄主获得能量、酶类以及低分子化合物，故有"能量寄生物"之称。

衣原体的主要特点是：细胞呈球形或椭圆形，直径 $0.2\sim1.5\mu m$；G^-，对青霉素敏感；专性寄生，需用鸡胚卵黄囊膜、组织培养细胞等进行培养。

衣原体有两种细胞类型：一种是具有感染力小细胞，称为原体，球状，直径小于 $0.4\mu m$，壁厚且硬，中央有致密的类核结构；另一种是无感染力大细胞称为始体或网状体，形体较大，直径 $1\sim1.5\mu m$，壁薄而脆，无致密的类核结构。

衣原体有一个特殊的生活史，其一般过程如图 1-19 内（a）至（e）的顺序循环。

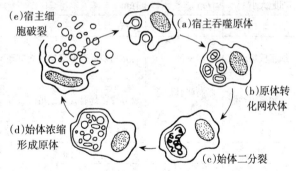

图 1-19　衣原体的生活史

与立克次体不同，衣原体不需媒介而直接感染宿主。如沙眼衣原体引起人的沙眼；鹦鹉热衣原体引起鸟和人以外的哺乳动物鹦鹉热，它也是人的病原体，当人吸入鸟的感染性分泌物后，会导致肺炎和毒血症。

（四）螺旋体

螺旋体是一类菌体细长并弯曲成螺旋状的单细胞原核微生物。螺旋体的主要特点是：细胞细长，螺旋状，柔软易弯曲；大小差异较大，一般 $0.1\sim3\mu m\times3\sim500\mu m$；$G^-$，无鞭毛，借轴丝的旋转或收缩而运动。螺旋体细胞由原生质柱、轴丝和外鞘3部分组成（图1-20）。原生质柱是螺旋体的主要部分，呈螺旋状，由细胞膜和细胞壁包裹。轴丝将细胞和原生质柱连在一起，最外面是外鞘。

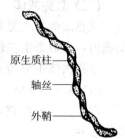

原生质柱

轴丝

外鞘

图1-20 朱氏螺旋体的细胞结构

螺旋体广泛存在于江湖、水塘、海水等水生环境中，也有一些存在于人和动物体内。包括螺旋体属、脊螺旋体属、密螺旋体属、疏螺旋体属和钩端螺旋体属5个属。大部分的螺旋体是非致病性的，有些能引起人和动物的疾病，如回归热、梅毒钩端螺旋体病等。

（五）古生菌

根据16SrRNA的碱基序列，1978年Woese等提出将生物分为3个域或原界，原核生物分为真细菌和古生菌两个域，另一域为真核生物。表1-2列出了真细菌、古生菌和真核生物细胞三者间的异同。

表1-2 真细菌、古生菌和真核生物细胞的主要特征比较

特 征	真细菌	古生菌	真核生物细胞
细胞大小	$1\mu m$	$1\mu m$	大于 $10\mu m$
细胞结构	原核	原核	真核
细胞壁组成	含胞壁酸	含蛋白质或假肽聚糖，无胞壁酸	含纤维素或几丁质，无胞壁酸，动物细胞无壁
细胞膜中类脂	脂肪酸甘油酯胆固醇少	聚异戊二烯甘油醚或植烷甘油醚	脂肪酸甘油醚多有胆固醇
染色体	环状，无核膜	同真细菌	线状，有核膜
RNA聚合酶	4个亚基	复杂，9~12个亚基	复杂，12~15个亚基
核糖体大小	70S（30S、50S）	70S（30S、50S）	80S（40S、60S）
对利福平	敏感	不敏感	不敏感
对氯霉素	敏感	不敏感	不敏感
对白喉毒素	不敏感	敏感	敏感

古生菌的大小、形态及细胞结构等与真细菌相似，其主要特点有：

（1）细胞壁成分独特而多样 大多数古生菌有细胞壁，产甲烷细菌的细胞

壁由假肽聚糖组成，嗜盐细菌的细胞壁则由蛋白质组成。但都不含胞壁酸、D型氨基酸和二氨基庚二酸。

（2）细胞膜的类脂特殊　细胞膜中含有的类脂不可皂化。其中在产甲烷细菌中为中性类脂，由甘油和聚类异戊二烯以醚键连接；在嗜盐细菌中为极性类脂——植烷甘油醚。

（3）核糖体的 16S rRNA 其核苷酸顺序独特，既不同于真细菌，也不同于真核生物。

（4）对作用于真细菌细胞壁的青霉素等抗生素不敏感；对抑制真细菌翻译的氯霉素不敏感，而对抑制真核生物翻译的白喉毒素却十分敏感。

（5）古生菌多生长在极端环境中，如厌氧、高盐和高温等。

古生菌主要有产甲烷菌、极端嗜盐菌、极端嗜热菌等类群。产甲烷菌生长在与氧隔绝的水底、厌氧消化器、反刍动物的瘤胃中，利用 H_2 还原 CO_2 生成甲烷；极端嗜盐菌分布在盐湖、晒盐场和腌制的食品中，大多数在 12％～25％盐浓度良好生长；极端嗜热菌分布在火山地区、富硫温泉和沼泽地的水体中，生长最适温度在 80℃以上，如热网菌最适温度为 105℃。

第二节　真核微生物

真核微生物是一类细胞核具有核膜、能进行有丝分裂、细胞质中存在线粒体或同时存在叶绿体等细胞器的微生物。主要包括真菌、单细胞藻类和原生动物。由于单细胞藻类一般在植物学中有详细介绍，而原生动物则在动物学中有较多描述，因此，本节着重介绍真菌。

真菌是一类低等的真核微生物，主要特点有：①一般具有发达的菌丝体；②以产生大量孢子进行繁殖；③不能进行光合作用；④营养方式为异养型；⑤陆生性较强。

真菌界在分类上仍有许多不同的看法，目前被广泛采用的是 1966 年 Ainsworth 提出的分类系统，该系统将真菌界分为真菌门和黏菌门，真菌门又分为鞭毛菌亚门、接合菌亚门、子囊菌亚门、担子菌亚门和半知菌亚门。但根据真菌形态和研究的方便，习惯上将真菌分为霉菌、酵母菌和蕈菌，它们归属于不同的亚门。

一、霉　菌

霉菌是在营养基质上形成绒毛状、絮状或蜘蛛网状菌丝体的小型真菌。它是丝状真菌的一个通俗名称，意即"发霉的真菌"。

霉菌在自然界分布很广，大量存在于土壤、空气、水和生物体内，喜偏酸性环境，大多数好氧，多数为腐生菌，少数为寄生菌，可引起食物、工农业产品的霉变和植物的病害。在分类上分属于鞭毛菌亚门、接合菌亚门、子囊菌亚门和半知菌亚门。

（一）霉菌的形态和细胞结构

1. 霉菌的形态 霉菌的营养体由分支或不分支的菌丝构成。许多菌丝相互交织形成菌丝体。菌丝是一种管状的细丝，直径一般为 $2\sim10\mu m$，比细菌或放线菌的宽几倍至几十倍。根据菌丝中是否存在横隔膜，把菌丝分成无隔菌丝和有隔菌丝两大类（图 1-21）。

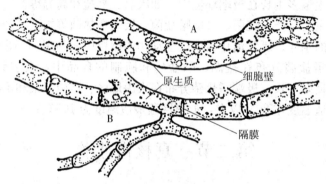

图 1-21　霉菌的菌丝
A. 无隔菌丝　B. 有隔菌丝

（1）**无隔菌丝** 菌丝中没有横隔膜，整个菌丝为长管状单细胞，细胞内有多个核。在菌丝生长过程中只有核的增多和菌丝的伸长，没有细胞数目的增加。

（2）**有隔菌丝** 菌丝中有横隔膜将菌丝分割成多个细胞，每个细胞内有一个或多个细胞核。横隔膜的中心或四周有孔相通，能让相邻两细胞内的物质相互沟通。在菌丝伸长时，顶端细胞随之分裂，使细胞数目不断增加。但在老龄菌丝中，膜孔常被黏稠物质堵塞，阻止原生质的流动。在某一细胞死亡或菌丝断裂时，则此小孔也会同时封闭。

（3）**菌丝的特殊形态** 菌丝在长期进化过程中，为适应环境的变化，产生了不同类型的变化，形成了特殊形态的菌丝。

①假根　是某些霉菌的菌丝与基质接触处分化形成的根状菌丝。在显微镜下假根的颜色比其他菌丝要深，它起吸收营养和固着的作用。如根霉属中的霉菌常有假根（图 1-22A）。

②吸器　是某些寄生病原菌从菌丝上侧生出短枝，侵入寄主细胞内形成指

状、球状或丛枝状结构，用以吸收寄主细胞中的养分供给菌丝生长。如霜霉菌、锈菌、白粉菌等专性寄生菌都有吸器（图1-22B）。

③菌核 是某些霉菌在生长到一定阶段时，菌丝不断分化并密集结合形成的坚硬团块结构。菌核是一种休眠体，可以抵御低温、干燥等不良环境，遇适宜条件菌核可以萌发（图1-22C）。

2. 霉菌的细胞结构 霉菌具有典型真核细胞结构，与高等动植物基本相似，但在具体结构上存在一些差异。

（1）*细胞壁* 厚$0.1\sim0.3\mu m$，其组成成分十分丰富，较高等的、陆生的霉菌主要由几丁质组成，低等的、水生的霉菌由纤维素组成。几丁质是N-乙酰葡萄糖胺分子通过β-1,4-糖苷键连接而成的多聚糖，它与纤维素的结构很相似，只是与葡萄糖上第二个碳原子相连的不是羟基而是乙酰氨基。除此之外，细胞壁中还含有蛋白质、脂类。

（2）*细胞膜* 厚$7\sim10nm$，与其他单位膜一样，是典型的单位膜，主要由脂类和蛋白质组成。

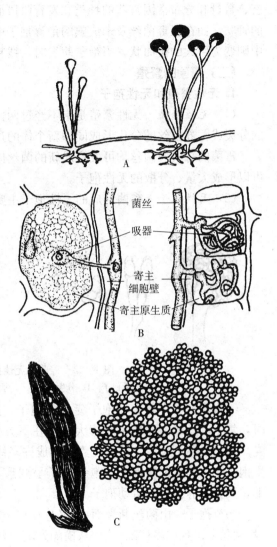

图1-22 菌丝的几种特殊形态
A. 假根 B. 吸器 C. 菌核

（3）*细胞核* 有核膜和核仁的分化，核内有染色体。核的直径为$0.7\sim3\mu m$，核仁直径约为3nm。核膜上有膜孔，是核内物质与细胞物质交换的通道。在有丝分裂时，通常核膜不消失，而是缩成哑铃状，最后分裂成两个子核的膜。其核膜与核仁能一直存在的现象是与其他真核生物不同的。

（4）*细胞器* 有线粒体、内质网、核糖体、液泡等细胞器。线粒体的形态、数量和分布常因霉菌的种类和发育阶段而异，腐霉属的线粒体多为不规则的管状，而在根霉菌丝及未成熟的孢囊孢子中多为球状，在其成熟的孢囊孢子中则变为巨大的扭曲状，当孢子萌发时，线粒体数目增多，并重新变为球状。

（二）霉菌的繁殖

1. 无性繁殖和无性孢子

（1）无性繁殖　无性繁殖是指不经过两性细胞的配合，直接通过营养细胞的分裂或营养菌丝的分化形成同种新个体的过程。

霉菌的每一段菌丝均可发育成新的菌丝体称为断裂增殖。霉菌无性繁殖还可以形成大量、分散的无性孢子。

（2）无性孢子　霉菌形成的无性孢子主要有（图1-23）：

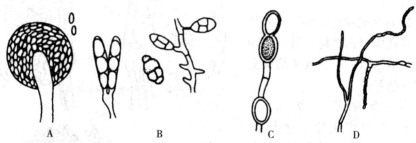

图1-23　霉菌的无性孢子类型
A. 孢囊孢子　B. 分生孢子　C. 厚垣孢子　D. 节孢子

①孢囊孢子　着生在孢子囊内的孢子，这是一种内生孢子。在孢子形成时，气生菌丝或孢囊梗顶端膨大，并在下方生出横隔与菌丝分开而形成孢子囊。孢子囊逐渐长大，然后在囊中形成许多核，每一个核被原生质包围，并产生孢子壁，即成孢囊孢子。孢囊孢子呈圆形、梨形或肾形。根据是否产生鞭毛，又分为静孢子和游动孢子。

②节孢子　由菌丝断裂而成，又称粉孢子或裂孢子。它是菌丝生长到一定阶段，菌丝上出现许多横隔，然后从横隔处断裂，产生许多短柱状、筒状的孢子。

③厚垣孢子　由菌丝中的个别细胞膨大，原生质浓缩和细胞壁变厚而形成的休眠孢子，又称厚壁孢子。厚垣孢子呈圆形、纺锤形或长方形，具有抗性较强、帮助菌丝度过不良环境的作用。

④分生孢子　生于菌丝细胞外的孢子，是最常见的一类无性孢子。分生孢子着生于已分化的分生孢子梗或具有一定形状的小梗上，也有些霉菌的分生孢子直接着生在菌丝的顶端。

2. 有性繁殖和有性孢子

（1）有性繁殖　有性繁殖是指经过两个性细胞结合而产生新个体的过程。

有性繁殖一般可分为质配、核配和减数分裂 3 个阶段。

①质配　质配是两个不同性细胞接触后进行结合，并将二者的细胞质融合在一起的过程。此时两个性细胞的核也共存于一个细胞中，称为双核细胞。

②核配　质配后，双核细胞中的两个核融合，此时核的染色体数是双倍的，用 $2n$ 表示。在低等真菌中，质配后立即发生核配。而在高等真菌中，在质配后经很长时间才发生核配，其间有一个双核阶段，即每个细胞内有两个没有结合的核，这是真菌特有的现象。

③减数分裂　多数霉菌在核配后立即发生减数分裂，其双倍体阶段只限于接合子，当双倍体细胞核经过减数分裂后，其染色体数目又恢复到单倍体状态。

（2）有性孢子　霉菌的有性繁殖不及无性繁殖普遍，仅发生于特定条件下，而且在一般培养基上不常出现。常见的有性孢子有：

①卵孢子　由两个大小不同的配子囊结合发育而成。小型配子囊称为雄器，大型配子囊称为藏卵器。藏卵器中的原生质与雄器结合前，收缩成一个或数个原生质球，称卵球。当雄器与藏卵器配合时，雄器中的原生质和细胞核通过受精管进入藏卵器与卵球配合，此后卵球生出外壁成为卵孢子（图 1-24）。

②接合孢子　由菌丝生出的形态相同或略有不同的配子囊接合而成。接合孢子的形成过程是：两个相邻的菌丝相遇，各自向对方生出极短的侧枝，称原配子囊。原配子囊接触后，顶端各自膨大并形成横隔，即为配子囊。相接触的两个配子囊之间的横隔消失，其细胞质与细胞核互相配合，同时外部形成厚壁，即为接合孢子（图 1-25）。

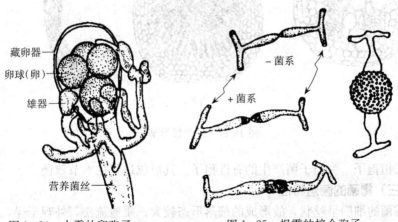

图 1-24　水霉的卵孢子　　　　　图 1-25　根霉的接合孢子

③子囊孢子　形成于子囊中，先是同一菌丝或相邻的两菌丝上的两个大小和形状不同的性细胞互相接触并互相缠绕，两个性细胞经过受精作用后形成分

支的菌丝，成为造囊丝。造囊丝经过减数分裂产生子囊，每个子囊产生2～8个子囊孢子（图1-26）。多个子囊外面被菌丝包围形成子囊果，子囊果有子囊壳、子囊盘和闭囊壳3种类型（图1-27）。

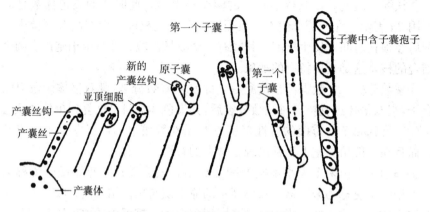

图1-26 子囊及子囊孢子的形成

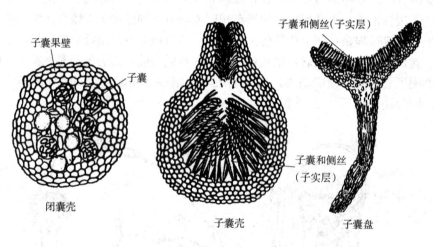

图1-27 子囊果类型

④担孢子 为担子菌产生的有性孢子。其形成过程见本节蕈菌。

（三）霉菌的菌落特征

霉菌的细胞呈丝状，故形成的菌落形态较大，质地疏松，外观干燥，不透明，呈现或紧或松的蜘蛛网状、绒毛状或絮状。菌落与培养基的连接紧密，不易挑取。菌落最初往往是浅色或白色，后期形成各种颜色的孢子，菌落正反面的颜色和边缘与中心的颜色常不一致。

（四）农业上常见的霉菌

在自然界中，几乎到处都有霉菌的踪迹，主要扮演着各种复杂有机物，尤其是数量最大的纤维素、半纤维素和木质素的分解者角色。霉菌与农业生产、环境保护和生物学基本理论研究等方面都有密切的关系，广泛应用于植物生长激素、有机酸、酶制剂、抗生素等产品的发酵，以及豆腐乳、酱油、干酪等食品的生产。同时霉菌也是动、植物重要的病原菌，以及微生物生产、各种组织细胞培养过程中主要的污染菌。农业生产中常见的霉菌如表1-3。

表1-3 农业上常见的霉菌

种类	菌丝类型	无性孢子	有性孢子	主要特征	代表种	与农业的关系
绵霉	无隔	孢囊孢子	卵孢子	多数水生，产生游动孢子	稻腐绵霉	引起植物病害
毛霉 （图1-28）	无隔	孢囊孢子	接合孢子	无囊托，孢囊梗顶端膨大成黑色孢子囊，有分解蛋白质、淀粉能力	高大毛霉 鲁氏毛霉	制作豆腐乳、豆豉等
根霉 （图1-29）	无隔	孢囊孢子	接合孢子	有囊托、假根和匍匐菌丝，孢囊梗成群，分解淀粉能力强	米根霉 黑根霉	糖化淀粉 生产有机酸
脉孢霉	有隔	分生孢子	子囊孢子	分生孢子呈橘红色，分生孢子梗直立，分枝上再产分枝	好食脉孢霉 粗糙脉孢霉	遗传研究材料，生产蛋白饲料
赤霉菌 （图1-30）	有隔	分生孢子	子囊孢子	分生孢子梗多级分叉分枝，产生大小两种分生孢子，大孢子镰刀形，小孢子卵圆形	禾谷镰孢 藤仓赤霉	植物病原菌 生产赤霉素
白僵菌 （图1-31）	有隔	分生孢子	—	分生孢子梗多次分枝，聚集成团，分生孢子球形	球孢白僵菌	防治害虫
镰刀霉	有隔	分生孢子	—	大型孢子镰刀形，中间有隔膜，小型孢子卵圆形，单细胞	尖孢镰刀霉 亚麻镰刀霉	植物病原菌
曲霉 （图1-32）	有隔	分生孢子	—	分生孢子梗的顶端膨大成顶囊，顶囊表面辐射状长满一层或两层小梗，基部有足细胞	米曲霉 黑曲霉 黄曲霉	酿酒、制酱、生产酶制剂、产生毒素
木霉 （图1-33）	有隔	分生孢子	—	分生孢子梗多级对生或互生分枝，顶端着生成簇的孢子，表面呈不同程度的绿色	绿色木霉 康氏木霉	生产酶制剂、饲料发酵 重要污染菌
青霉 （图1-34）	有隔	分生孢子	—	分生孢子梗多次分枝成扫帚状，着生几轮小梗	点青霉 产黄青霉	生产青霉素
头孢霉	有隔	分生孢子	—	分生孢子梗很短，分生孢子靠黏成假头状，遇水散开	芽生头孢霉	防治害虫
丝核菌	有隔	无	—	菌丝体组合成不定形的菌核	油菜丝核菌	植物病原菌

（续）

种类	菌丝类型	无性孢子	有性孢子	主要特征	代表种	与农业的关系
轮枝霉	有隔	分生孢子	—	分生孢子梗直立,分隔,分枝	轮枝霉	土壤中常见真菌
交链孢霉	有隔	分生孢子	—	分生孢子梗短,有隔膜,孢子纺锤形,常数个成链	交链孢霉	常见腐生菌

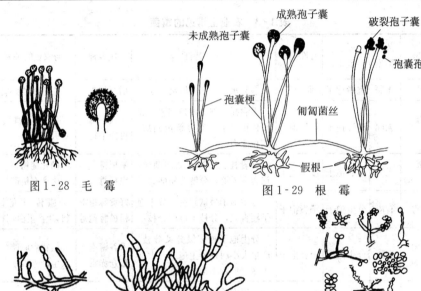

图 1-28 毛 霉

图 1-29 根 霉

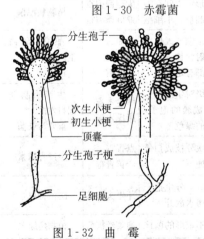

小分生孢子　大分生孢子

图 1-30 赤霉菌

图 1-31 白僵菌

图 1-32 曲 霉

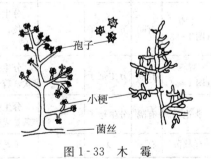

图 1-33 木 霉

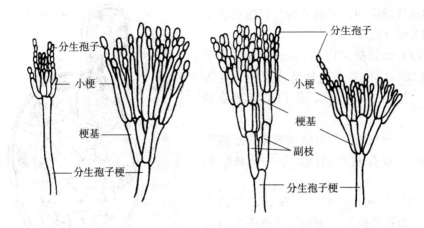

图 1-34 青 霉

二、酵 母 菌

酵母菌是指单细胞世代较长，主要以出芽方式进行繁殖的低等真菌。它是单细胞真菌的统称，在分类上分属于子囊菌亚门、担子菌亚门和半知菌亚门。酵母菌主要生长在偏酸性的含糖环境中，在水果、蔬菜、蜜饯的表面和果园土壤中最为常见。

酵母菌与人类的关系极其密切，是人类的第一种"家养微生物"。酵母菌及其发酵产品大大改善和丰富了人类的生活，如乙醇生产，面包的制造，石油发酵和脱蜡，饲用、药用或食用单细胞蛋白的生产等。

（一）酵母菌的形态和细胞结构

1. 酵母菌的形态和大小 大多数酵母菌为单细胞，呈球状、卵圆状、椭圆状、柱状或香肠状。有些酵母菌分裂后子细胞与母细胞并不立即分离，其间仅以极狭小的面积相连，这种藕节状的细胞串称为假菌丝（图1-35）。

酵母菌细胞直径一般比细菌细胞大 10 倍，如酿酒酵母细胞宽 2.5～10μm，长4.5～21μm。

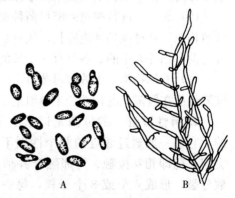

图 1-35 酵母菌的形态
A. 单细胞　B. 假菌丝

2. 酵母菌的细胞结构 酵母菌是典型的真核微生物，细胞结构与其他真核生物相类似（图 1-36）。

（1）细胞壁 厚约 25nm，占细胞干重的 25%，其主要成分是葡聚糖、甘露聚糖，还含有几丁质、蛋白质、脂质和酶等。

（2）细胞膜 与其他真核生物细胞膜的结构、成分基本相同，是一种典型单位膜。

（3）细胞核 较小，球状，直径约 2nm，为核膜包围。在细胞的整个生殖周期核膜保持完整状态。

（4）其他细胞构造 酵母菌细胞中还具有液泡、线粒体、内质网、核糖体及贮藏物质。

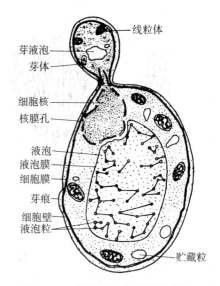

图 1-36 酵母菌细胞的典型构造

（二）酵母菌的繁殖

1. 无性繁殖

（1）芽殖 芽殖是酵母菌最常见的繁殖方式。在良好的营养和生长条件下，酵母生长迅速，所有细胞上都长有芽体，而且在芽体上还可形成新的芽体。核物质和细胞质在芽体起始部位上堆积，使芽体逐步长大。当芽体达到最大体积时，它与母细胞相连部位形成了一块隔壁。最后，母细胞与子细胞在隔壁处分离，在母细胞上就留下一个芽痕。

（2）裂殖 进行裂殖的酵母菌种类很少，如裂殖酵母属。其裂殖与细菌的裂殖相似。其过程是细胞伸长，核分裂为二，然后细胞中央出现隔膜，将细胞分为两个相等大小的、各具有一个核的子细胞。

（3）无性孢子 少数酵母菌可产生无性孢子，如掷孢酵母产生掷孢子，假丝酵母能在假菌丝的顶端产生厚垣孢子。

2. 有性繁殖 酵母菌是以形成子囊和子囊孢子的方式进行有性繁殖的。它们一般通过邻近的两个性别不同的细胞各自伸出一根管状的原生质突起，随即相互接触、局部融合并形成一个通道，再通过质配、核配和减数分裂，形成 4 个或 8 个子核，每一子核与其附近的原生质一起，在其表面形成一层孢子壁后，就形成了一个子囊孢子，而原有营养细胞就成了子囊。

（三）酵母菌的菌落特征

酵母菌的菌落与细菌菌落相仿，但由于酵母的细胞较大、细胞含水量相对较少以及不能运动等特点，所以酵母菌菌落大而厚，表面湿润黏稠，较光滑，与培养基结合不紧密，易挑起，菌落质地均匀，正反面和边缘、中央部位的颜色均一，颜色比较单调，多数都呈乳白色，少数为红色、黑色。酵母菌的菌落一般还会散发出一股悦人的酒香味。

（四）农业上常见的酵母菌

酿酒酵母是最常见的一种酵母菌，细胞圆形、椭圆形，可形成假菌丝。主要进行无性芽殖，也可形成子囊孢子（图 1-37）。酵母菌除用于酿酒、生产面包、馒头等食品外。酵母菌菌体富含维生素和蛋白质，可作药用和饲料，并从中提取核酸、辅酶 A 等多种生化产品。

另外内孢霉中的某些种可用于生产脂肪和蛋白质；假丝酵母、白地霉等用于生产单细胞蛋白饲料。

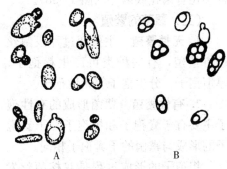

图 1-37　酿酒酵母
A. 细胞及出芽繁殖　B. 子囊孢子

三、蕈　菌

蕈菌是指可形成大型子实体的高等真菌，包括食用菌、药用菌和毒蕈等，在分类上分属于担子菌亚门和子囊菌亚门。

（一）蕈菌的形态结构

1. 菌丝体　与霉菌一样，蕈菌的菌丝体是由许多分支的菌丝组成，是蕈菌的营养器官。菌丝有隔，细胞壁的主要成分是几丁质。根据菌丝生长发育的过程，分为初生菌丝、次生菌丝和三生菌丝。

（1）初生菌丝　由孢子萌发形成的菌丝称为初生菌丝。初生菌丝初期为多核，后产生隔膜，形成单核细胞组成的菌丝，故又称单核菌丝。初生菌丝比较纤细，生长速度慢，一般不具备形成子实体的能力。

（2）次生菌丝　初生菌丝发育到一定阶段，两个单核菌丝细胞发生质配，而核不融合，使每一个细胞中有两个细胞核，故称双核菌丝。双核菌丝较单核菌丝粗壮，且分枝多，生活期通常很长，双核菌丝通过锁状联合方式进行分裂。

（3）三生菌丝　双核菌丝进一步发展，可形成特化组织，在基质上发育成子实体，这种已组织化了的双核菌丝称为三生菌丝，或称结实性双核菌丝。

2. 子实体 子实体是蕈菌的繁殖器官，相当植物的果实。它的主要功能是产生孢子，繁殖后代。

蕈菌的子实体形态各异，有伞状、耳状、块状等。最常见的伞菌子实体由菌盖、菌褶和菌柄组成，有些种类还有菌托或菌环（图1-38）。

（二）蕈菌的繁殖

1. 无性繁殖 主要通过片段菌丝进行繁殖，有些种类可产生粉孢子、厚垣孢子、分生孢子等无性孢子。

2. 有性繁殖 蕈菌形成的有性孢子主要有子囊孢子和担孢子。子囊孢子的形成与霉菌的子囊孢子相同。

担孢子的形成过程是双核菌丝发展到一定阶段，顶端细胞膨大为担子，担子内的2个核发生核配，形成二倍体核，经减数分裂后形成4个单倍体核，同时在担子的顶端长出4个小梗，小梗顶端稍微膨大，最后4个核进入小梗的膨大部位，形成4个外生的单倍体担孢子（图1-39）。

（三）农业上常见的蕈菌

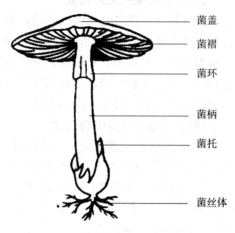

图1-38 伞菌模式图

菌盖
菌褶
菌环
菌柄
菌托
菌丝体

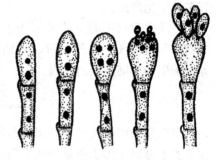

图1-39 担子及担孢子的形成

蕈菌中的很多菌类是可以食用的，即食用菌。食用菌营养丰富、味道鲜美，历来被誉为"山珍"，如香菇、蘑菇、木耳、平菇、猴头、羊肚菌等，许多食用菌还具有很高的保健作用和对疾病的治疗作用，如灵芝、茯苓、冬虫夏草等。但有些蕈菌食后可引起中毒，如鹅膏菌、蛤蟆菌等。

第三节 病 毒

1892年俄国科学家Ivanovsky发现烟草花叶病的病原体能通过细菌滤器，认为是一种"细菌毒素"或极小的"细菌"。1898年荷兰学者Beijerinck重复并证实这一发现，首次提出其病原是一种"病毒"。1935年美国的Stanley首次提纯并结晶了烟草花叶病毒（TMV）。20 世纪 70 年代以来，又陆续发现了比病毒更小、结构更简单的亚病毒因子，如类病毒、卫星病毒、卫星 RNA 和朊病毒等。

一般认为病毒是一类超显微，含有一种核酸，专性活细胞内寄生的非细胞型微生物。根据病毒的宿主种类不同，分为噬菌体、真菌病毒、植物病毒、无脊椎动物病毒（昆虫病毒）和脊椎动物病毒。

与其他生物相比，病毒具有以下特点：①形体极微小：一般能通过细菌滤器，只有在电子显微镜下才能观察到；②非细胞结构：病毒一般仅由核酸和蛋白质构成；③只含有 DNA 或 RNA 一种核酸；④专性活细胞内寄生：病毒缺乏独立的代谢能力，靠其宿主细胞内的营养物质及代谢系统来复制核酸、合成蛋白质等组分，然后再进行装配而得以增殖；⑤在离体条件下，以无生命的化学大分子状态存在，并保持其侵染活性；⑥对一般抗生素不敏感，而对干扰素敏感。

病毒广泛存在于生物体内，与实践关系非常密切。一方面由病毒引起的疾病可给人类健康、种植业、畜牧业等带来不利影响；另一方面，又可利用病毒进行疫苗生产、生物防治，以及作为实验材料和基因工程载体等。

一、病毒的形态结构与化学组成

（一）病毒的形态与大小

1. 病毒的形态　成熟的、具有侵染力的单个病毒颗粒称为病毒粒子。病毒粒子形态多种多样（图 1-40），其基本形态为球状、杆状、蝌蚪状和线状。

人、动物和真菌病毒大多呈球状，如腺病毒、口蹄疫病毒、蘑菇病毒，少数为弹状或砖状，如弹状病毒、痘病毒；植物和昆虫病毒则多数为线状和杆状，如烟草花叶病毒、家蚕核型多角体病毒，少数为球状，如黄瓜花叶病毒；噬菌体有的呈蝌蚪状，如 T 偶数噬菌体、λ 噬菌体，有的呈球状，如 MS_2、ΦX_{174}，有的呈丝状，如 fd、M_{13}。

2. 病毒的大小　病毒个体极其微小，只有借助电子显微镜才能观察到，绝大多数病毒能通过细菌滤器。病毒个体用纳米（nm）来度量，不同种类的病毒大小相差悬殊，通常在 100nm 左右。最大的如动物痘病毒，其大小为 $300\sim450\text{nm}\times170\sim260\text{nm}$，比支原体（直径 $200\sim250\text{nm}$）还大；最小的如菜豆畸矮病毒，大小仅为 $9\sim11\text{nm}$，比血清蛋白分子（直径 22nm）还小。

（二）病毒的结构

1. 病毒的基本结构　病毒粒子主要由衣壳和核酸两部分组成，核酸位于病毒粒子中心，构成核心，四周由蛋白质构成的衣壳所包围（图 1-41）。衣壳

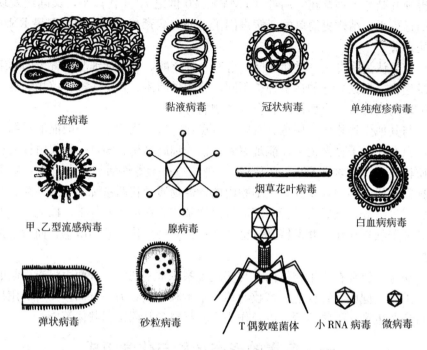

痘病毒　　　　　黏液病毒　　　　冠状病毒　　　单纯疱疹病毒

甲、乙型流感病毒　　　腺病毒　　　烟草花叶病毒　　　白血病病毒

弹状病毒　　　砂粒病毒　　T 偶数噬菌体　小 RNA 病毒　微病毒

图 1-40　病毒的形态和相对大小

（微生物学．第 2 版．黄秀梨．2003）

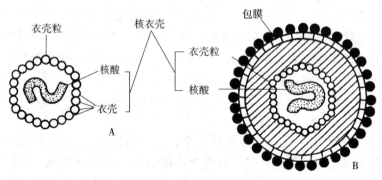

图 1-41　病毒的基本构造

A. 裸露病毒　B. 包膜病毒

是由许多衣壳粒以高度重复的方式排列而成的。病毒的衣壳和核心一起构成的复合物称为核衣壳，只具有核衣壳这一基本结构的病毒称为裸露病毒，如烟草花叶病毒。有些病毒在核衣壳外包着一层由脂肪或蛋白组成的包膜，有的包膜上面还有刺突，这类具有包膜的病毒称为包膜病毒，如流感病毒。

2. 病毒壳体的对称性　病毒衣壳粒在壳体上的排列具有高度对称性。

（1）螺旋对称型　衣壳粒有规律地沿中轴呈螺旋排列，形成高度有序、稳定的壳体结构。这类病毒多数是单链 RNA 病毒，形态呈杆状或线状，如烟草花叶病毒（图1-42）。

（2）二十面体对称型　衣壳粒有规律地排列成立体对称的正二十面体。如腺病毒（图1-43）。

（3）复合对称型　这类病毒的壳体是由两种结构组成的，既有螺

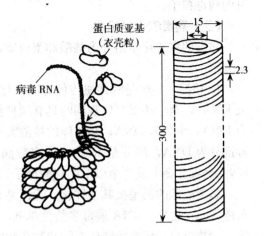

图1-42　烟草花叶病毒形态结构
（单位：nm）

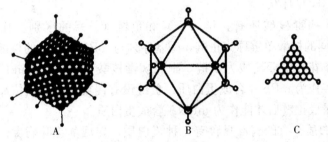

图1-43　腺病毒的形态结构

A. 腺病毒的形态　B. 二十面体的形态　C. 单个单边三角形

旋对称型壳体，又有二十面体对称型壳体，故称复合对称，如大肠杆菌 T_4 噬菌体（图1-44）。壳体头部为二十面体对称，尾部为螺旋对称型。

3. 包含体　包含体是宿主细胞被一些病毒感染后，在细胞内形成光学显微镜下可见的，具有一定形态的小体。包含体多数位于细胞质内，具嗜酸性；少数位于细胞核内，具嗜碱性；也有在细胞质和细胞核内都存在的类型。包含体是病毒粒子的聚集体，如昆虫核型多角体病毒、腺病毒的包含体，其内含有大

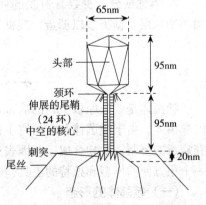

图1-44　T_4 噬菌体的模式结构

量的病毒粒子。

（三）病毒的化学组成

病毒的主要化学组分为核酸和蛋白质，有的病毒还含有脂类、糖类等其他组分。

1. 核酸 核酸是病毒遗传信息的载体，一种病毒只含有一种核酸（DNA或 RNA），至今还没有发现同时具有两种核酸的病毒。大多数植物病毒的核酸为 RNA，少数为 DNA；噬菌体的核酸大多数为 DNA，少数为 RNA；动物病毒部分为 DNA，部分是 RNA。大多数病毒粒子只含有 1 个核酸分子，少数RNA 病毒含 2 个或 2 个以上的核酸分子。

病毒核酸的类型极其多样化，无论是 DNA 还是 RNA，都有单链（ss）和双链（ds）之分。RNA 病毒多数是单链，极少数为双链；DNA 病毒多数为双链，少数单链。病毒核酸还有线状和环状之分，如玉米条纹病毒的核酸为线状单链 DNA，大丽花花叶病毒的核酸为闭合环状双链 DNA。但 RNA 病毒核酸多呈线状，罕见环状。

此外，病毒核酸还有正链（＋）和负链（－）的区别。凡碱基序列与mRNA 相同的核酸单链称为正链，碱基序列与 mRNA 互补的核酸单链称为负链。如烟草花叶病毒核酸为正链，副黏病毒核酸为负链。正链核酸具有侵染性，可直接作为 mRNA 合成蛋白质，负链没有侵染性，必须依靠病毒携带的转录酶转录成正链后才能作为 mRNA 合成蛋白质。

2. 蛋白质 有的病毒只含有一种蛋白质，如烟草花叶病毒；多数含有多种蛋白质，如 MS_2 噬菌体含有 4 种蛋白质，流感病毒含 10 种蛋白质，T_4 噬菌体则含 30 余种蛋白质。病毒蛋白质的氨基酸组成与其他生物一样，但不同病毒蛋白质的氨基酸含量各不相同。

3. 其他成分 少数有包膜的病毒还含有脂类、糖类等。脂类主要构成包膜的脂双层，糖类多以糖蛋白或糖脂的形式存在于包膜的表面，决定着病毒的抗原性。

二、噬 菌 体

噬菌体是侵染原核生物的病毒，至今在绝大多数原核生物中都发现了相应的噬菌体。由于噬菌体和它的寄主都是结构简单、繁殖迅速的微生物，深入研究病毒的复制、生物合成、基因表达、感染性以及其他活性等问题，噬菌体是一个很方便的模型和独特的工具。

（一）噬菌体的形态

噬菌体的基本形态为蝌蚪状、微球状和线状。大部分噬菌体呈蝌蚪状（图

1-44），由头部和尾部组成。头部球形或多角形，尾部较长，由一中空的尾髓和尾鞘组成。尾鞘末端附有六边形的基片和六根细长的尾丝。微球形噬菌体较小，一般 20～60nm，呈二十面体结构。线形噬菌体结构更简单，是一条略显弯曲的细丝，长 600～800nm。

（二）噬菌体的增殖

噬菌体的增殖是由宿主细胞提供原料、能量和生物合成场所，在噬菌体核酸遗传密码的控制下，于宿主细胞内复制出噬菌体的核酸和合成病毒的蛋白质，进一步装配成大量的子代噬菌体，最后释放到细胞外的过程，也称为噬菌体的复制。噬菌体的增殖一般可分为吸附、侵入、增殖、装配以及释放 5 个阶段。大肠杆菌是发现噬菌体最多、研究得最深入的一种宿主，人们对大肠杆菌 T-系噬菌体进行了大量研究，获得了很多有关病毒的基础知识。现以大肠杆菌 T-系噬菌体为例加以说明（图 1-45）。

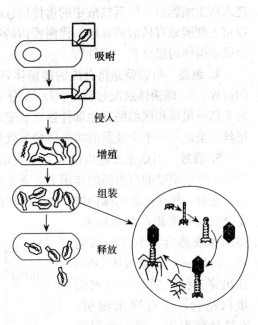

图 1-45 大肠杆菌 T_4 噬菌体的增殖过程
（微生物学．第 5 版．李阜棣，胡正嘉．2000）

1. 吸附 噬菌体以其尾丝的尖端与宿主细胞表面的特异受体接触，就可触发颈须把卷紧的尾丝散开，紧接着就附着在受体上，从而使刺突、尾板固着于细胞表面。

不同的噬菌体吸附在不同的受体上，如大肠杆菌 T_3、T_4、T_7 噬菌体吸附在脂多糖受体上，T_2 和 T_6 噬菌体的受体是脂蛋白，枯草杆菌 SP_{50} 噬菌体的吸附位点是磷壁酸，沙门菌的 x 噬菌体是鞭毛，而大肠杆菌的 f_2、MS_2 则吸附于 F 菌毛上。吸附作用受病毒的数量、离子浓度、pH、温度等许多内外因素的影响。

2. 侵入 噬菌体吸附在宿主细胞表面，尾丝收缩把尾管推出并插入到细胞壁和膜中，尾管端所携带的少量溶菌酶溶解局部细胞壁中的肽聚糖。接着头部的核酸通过尾管注入到宿主细胞内，而将其蛋白质衣壳留在细胞壁外。

病毒侵入后，将病毒的包膜及衣壳脱去，使核酸释放出来的过程称为脱壳。大多数病毒在侵入时就已在宿主细胞表面完成，如大肠杆菌 T 偶数噬菌体；有些病毒则需在宿主细胞内脱壳，如痘病毒需在吞噬泡中溶酶体酶的作用下部分脱壳，进入宿主细胞内在脱壳酶作用下完全脱壳。

3. 增殖 增殖过程包括核酸的复制和蛋白质的生物合成。噬菌体的核酸进入宿主细胞后，以其核酸中的遗传信息向宿主细胞发出指令并提供"蓝图"，以宿主细胞原有核酸的降解、代谢库内的贮存物或从环境中营养物质为原料，合成噬菌体的组分和"部件"。

4. 组装 组装就是将合成的噬菌体各部件组装在一起成为成熟病毒粒子的过程。T₄ 噬菌体装配过程是：DNA 分子的缩合→通过衣壳包裹 DNA 而形成头部→尾丝和尾部的其他部件独立装配完成→头部与尾部相结合→最后装上尾丝。至此，一个个成熟的噬菌体粒子就装配完成了。

5. 释放 当宿主细胞内的大量子代噬菌体成熟后，在水解细胞膜的脂肪酶和水解细胞壁的溶菌酶的作用下，寄主细胞被裂解，释放出大量的噬菌体。

还有一些纤丝状的噬菌体，如大肠杆菌 f_1、fd 和 M_{13} 等，它们的衣壳蛋白在合成后都沉积在细胞膜上。噬菌体成熟后并不破坏细胞壁，而是一个个噬菌体 DNA 外出穿过细胞膜时才与衣壳蛋白结合，然后穿出细胞。在这种情况下，宿主细胞仍可继续生长。

（三）烈性噬菌体与一步生长曲线

能在宿主细胞内增殖，产生大量子代噬菌体，并引起寄主细胞裂解的噬菌体称为烈性噬菌体。定量描述烈性噬菌体生长规律的实验曲线，称作一步生长曲线（图1-46）。

一步生长曲线分为以下 3个时期。

1. 潜伏期 是指噬菌体吸附于细胞到受感染细胞释

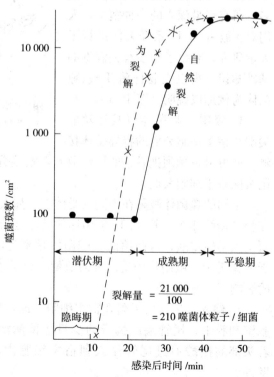

图 1-46 T₄ 噬菌体的一步生长曲线

放子代噬菌体前的最短时间。潜伏期中没有一个成熟的噬菌体粒子从细胞中释放出来。

2. 成熟期　是指潜伏期后宿主细胞迅速裂解，释放出大量子代噬菌体的一段时间。这是新合成的噬菌体核酸与蛋白质装配成有侵染性的成熟噬菌体，并裂解细菌细胞的结果。将此时的噬菌斑数除以潜伏期的噬菌斑数得到裂解量，裂解量是每一个宿主细胞裂解后所产生的子代噬菌体的数量。不同的噬菌体有不同的裂解量，如 T_2 为 150 左右，T_4 约 100，ΦX_{174} 约 1 000，而 f_2 则可高达 10 000 左右。

3. 平稳期　是指溶液中的噬菌斑数目达到最高，并相对稳定的一段时间。成熟期末，受感染的宿主细胞已全部裂解，子代噬菌体全部释放出来，因此溶液中噬菌体数量达到最高。

（四）温和噬菌体和溶源性细菌

1. 温和噬菌体　凡吸附并侵入宿主细胞后，在一般情况下不进行增殖和不引起宿主细胞裂解的噬菌体，称温和噬菌体或溶源噬菌体。温和噬菌体侵染细胞后不裂解细胞，而与细菌共存的特性称为溶源性。

温和噬菌体的 DNA 具有整合能力，当侵入宿主的细胞后，DNA 整合到宿主的核染色体上。这种处于整合态的噬菌体 DNA，称作前噬菌体。前噬菌体所携带的遗传信息由于受噬菌体本身编码的一种特异阻遏物的阻遏作用而得不到表达，在一般情况下不进行复制和增殖，而是随宿主细胞的核基因组的复制而同步复制，并随着宿主细胞分裂平均分配到子代细胞中去，如此代代相传，这样便进入溶源性周期。在某些情况下，前噬菌体可脱离整合状态，在宿主细胞内增殖，产生大量子代噬菌体而导致细胞裂解，这称为裂解性周期（图 1-47）。温和噬菌体的种类很多，常见的有大肠杆菌的 λ、Mu-1、P_1 和 P_2 噬菌体，鼠伤寒沙门菌的 P_{22} 噬菌体等。

2. 溶源性细菌及其检出

（1）溶源性细菌　是指在核染色体上整合有前噬菌体，并能正常生长繁殖而不被裂解的细菌。在自然界中溶源性细菌是普遍存在的，如大肠杆菌、枯草杆菌、沙门菌等。大肠杆菌 K_{12}（λ）就表示是一株带有 λ 前噬菌体的大肠杆菌 K_{12} 溶源菌株。溶源性细菌有如下一些特性：

①具有遗传的、产生前噬菌体的能力　整合到宿主细胞基因组中的前噬菌体在细胞分裂时随同宿主基因组一起复制，代代相传。

②自发裂解　在溶源菌的正常分裂过程中，少数细胞（$10^{-2} \sim 10^{-5}$ 个）中的前噬菌体脱离整合状态转入裂解性周期，产生大量子代噬菌体而导致细菌细胞裂解。

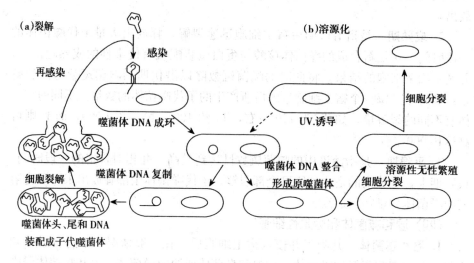

图 1-47　λ噬菌体的裂解和溶源化示意图

（微生物学．第5版．李阜棣，胡正嘉．2000）

③诱导裂解　溶源性细菌在紫外线、X射线、氮芥等外界理化因子的作用下，大部分甚至全部细菌细胞会发生裂解。

④免疫性　溶源性细菌对附于其溶源性的噬菌体及其相关的噬菌体都有免疫性。

⑤复愈　在溶源性细菌群体的增殖过程中，一般有 10^{-5} 的个体丧失其前噬菌体，并成为非溶源性的细菌，这一过程称为复愈。复愈后的细胞其免疫性也随之丧失。

⑥溶源性转变　指溶源菌由于整合了温和噬菌体的前噬菌体而使自己获得新性状的现象。如原来不产毒素的白喉棒杆菌被β棒杆菌温和噬菌体感染后变为产白喉毒素的致病菌。

⑦局限性转导　是指整合到一个细菌基因组中的噬菌体 DNA 把宿主个别相邻基因转移到另一个细菌体内的现象。

（2）溶源性细菌的检出　检验溶源菌的方法是：将少量溶源菌与大量的敏感性指示菌相混合，然后加至琼脂培养基中倒成一平板。培养一段时间后，溶源菌就长成菌落。由于在溶源菌分裂过程中有极少数个体会发生自发裂解，其释放的噬菌体可不断侵染溶源菌菌落周围的指示菌菌苔，所以会产生一个个中央有溶源菌的小菌落、四周有透明圈的特殊噬菌斑（图1-48）。

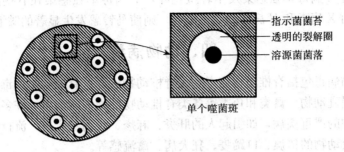

指示菌菌苔
透明的裂解圈
溶源菌菌落

单个噬菌斑

图 1-48 溶源性细菌及其特殊噬菌斑

三、植物病毒

已经鉴定的植物病毒有 1 000 余种，绝大多数种子植物，尤其是禾本科、葫芦科、豆科、十字花科和蔷薇科的植物易感染病毒。植物病毒虽是严格的细胞内寄生物，但是它们的专化性并不强，有些植物病毒的宿主范围极窄，有的宿主谱却相当广，如烟草花叶病毒（TMV）可以感染 30 多个科的 200 多种植物。

（一）植物病毒的形态结构

植物病毒的基本形态有杆状、丝状和等轴对称的近球状二十面体。绝大多数没有包膜，只有弹状病毒科和布尼亚病毒科的部分植物病毒具有包膜，如莴苣坏死黄化病毒。植物病毒的基因组多数由一个核酸分子组成，少数 RNA 病毒由多个 RNA 分子或组分所组成。

（二）植物病毒的增殖

植物病毒的增殖过程与噬菌体增殖相似，但与噬菌体不同的是，植物病毒必须在侵入宿主细胞后才脱去蛋白质衣壳。植物病毒的侵入方式都是被动的，主要通过：①借昆虫（蚜虫、叶蝉和飞虱等）刺吸式口器损伤植物细胞而侵入；②借带病汁液与植物伤口相接触而侵入；③借人工嫁接时的伤口而侵入。

成熟的病毒粒子通过植物的胞间连丝在细胞间扩散和传播，TMV 的传播速率为 1mm/d 左右。病毒粒子一旦到达维管束组织，便很快传至叶脉、叶柄，一直到茎部。

（三）植物病毒引起的主要症状

植物感染病毒后，表现出以下症状：①叶绿体受到破坏，或阻止合成叶绿素，引起花叶、黄化或红化；②阻碍植株发育，导致植株矮化、丛枝或畸形；③杀死植物细胞，形成枯斑或出现坏死。

一株植物可能被 2 种以上的病毒感染，产生与单独感染完全不同的症状，如马铃薯 X 病毒单独感染发生轻微花叶，Y 病毒单独感染在有些品种上引起枯斑，而 X 病毒和 Y 病毒同时感染时，则使马铃薯发生显著的皱缩花叶症状。

四、动物病毒

动物病毒包括脊椎动物病毒和无脊椎动物病毒。脊椎动物病毒是指寄生于人类、哺乳动物、禽类和鱼类等各类脊椎动物细胞内的病毒。许多病毒可引起人与动物的严重疾病，如引起人的肝炎、麻疹、脊髓灰质炎、流行性脑炎、艾滋病以及动物的猪瘟、口蹄疫、狂犬病、禽流感等。

无脊椎动物病毒是指寄生于昆虫、甲壳动物、软体动物等无脊椎动物细胞内的病毒，发现最多的是昆虫病毒。在农林害虫的生物防治和有益昆虫病毒病的控制上，昆虫病毒都受到了人们的重视和开发利用。这里主要介绍昆虫病毒。

（一）昆虫病毒的主要种类

大多数昆虫病毒可在宿主细胞内形成包含体。其包含体一般呈多角状，因此称为多角体。多角体的特点是：①大小一般在 $0.5\sim10\mu m$，多数约 $3\mu m$；②主要成分为碱溶性结晶蛋白；③其内包裹着数目不等的病毒粒子；④具有保护病毒粒子抵御不良环境的功能。

根据是否形成多角体和多角体的形态及形成部位，可把昆虫病毒分成以下几类。

1. 核型多角体病毒（NPV）　NPV 是一类在昆虫细胞核内增殖的、具有蛋白质包含体的杆状病毒。迄今所知的 NPV 多数是在鳞翅目昆虫中发现的，如棉铃虫 NPV、粉纹夜蛾 NPV 等，在双翅目等昆虫中也有存在，如埃及伊蚊 NPV。

NPV 的大小因病毒的种类而异，一般在 $0.6\sim5.0\mu m$，平均为 $3\mu m$ 左右，如棉铃虫 NPV 的多角体大小为 $0.8\sim2.0\mu m$。多角体表面有一层蛋白亚基结构的膜，它对外界不良环境具有一定的保护作用，多角体内包埋着多个杆状病毒粒子。

2. 质型多角体病毒（CPV）　CPV 是一类在昆虫细胞质内增殖的、具有蛋白质包含体的球状病毒。研究得最多的是家蚕的 CPV，此外，还研究过马尾松毛虫 CPV、油松毛虫 CPV、茶毛虫 CPV、棉铃虫 CPV 等。

CPV 多角体的大小为 $0.5\sim10\mu m$，形态不一。CPV 病毒粒子呈二十面体，直径为 $48\sim69nm$，无脂蛋白包膜，有双层蛋白组成的衣壳，在其 12 个顶角上各有一条突起；核酸类型为线型 dsRNA。

3. 颗粒体病毒（GV）　GV 是一类昆虫细胞核内增殖的、具有蛋白质包含体、每个包含体内一般仅含一个病毒粒子的杆状病毒。在分类地位上，GV与 NPV 同属于杆状病毒科，核酸类型是 dsDNA。颗粒体的长度为 200～500nm，宽度为 100～350nm，形态多为椭圆形，也有肾形、卵圆形或圆筒形的。

目前报道的 GV 都是从鳞翅目昆虫中发现的，如菜青虫 GV、小菜蛾 GV、茶小卷叶蛾 GV、松毛虫 GV、稻纵卷叶螟 GV 和大菜粉蝶 GV 等。作为宿主的幼虫被 GV 感染后，一般表现出食欲减退、体弱无力、行动迟缓、腹部肿胀变色，虫体表皮易破，流出液呈腥臭、混浊、乳白色脓状等症状。

4. 非包含体病毒 昆虫的非包含体病毒主要包括浓核症病毒、家蚕软化病病毒、小菜蛾球形病毒等。昆虫浓核症病毒，是目前在无脊椎动物中所发现的一种最小的非包含体病毒。由于感染该病毒的宿主其细胞核膨大，核内物质呈现浓密、丰盈现象。其代表种为大蜡螟浓核症病毒，病毒粒子为正二十面体的球状颗粒，直径约 20nm，无包膜，核酸类型是 ssDNA。

（二）昆虫病毒的感染途径

昆虫病毒主要是通过口器感染，其侵染过程是：通过昆虫的口腔进入其消化道，由于胃液呈碱性，把多角体蛋白溶解并释放出病毒粒子。病毒粒子通过与中肠上皮细胞微绒毛的融合侵入中肠上皮细胞，继续侵入血细胞、脂肪细胞、气管上皮细胞、真皮细胞、腺细胞和神经节细胞体，在那里大量增殖和重复感染，造成宿主生理功能紊乱、组织破坏，最终导致死亡。

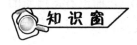

病毒与人类健康

目前已知，人类 80％的传染病由病毒引起。人免疫缺陷病毒（HIV）是获得性免疫缺陷综合征（AIDS，又称艾滋病）的病原体。HIV 严重破坏人体免疫功能，病人因机体免疫力极度下降而导致各种机会感染的发生，后期常常发生恶性肿瘤及神经障碍等一系列临床综合症。最终因长期消耗，全身衰竭而死亡。自 1981 年发现首例艾滋病病例以来，全球已有超过 2 500 万人死于此病，2006 年，全球新增 430 万 HIV 感染者，世界上共有 3 950 万 HIV 感染者。AIDS 已成为最严重威胁人类健康的病毒病之一，由于尚缺乏有效的治疗措施，被称之为"世纪绝症"。HIV 属逆转录病毒科慢病毒属，病毒粒子呈球形，直径约为 110nm，表面有包膜，内为截头圆锥状的致密核心。HIV 主要通过性传播、血液传播和母婴传播。

严重急性呼吸道综合征（SARS）是进入新世纪以来的一种严重威胁人类健康的病毒传染病。SARS是病毒性肺炎的一种，其临床症状表现为：发烧、干咳、呼吸急促、头疼等，实验检查有血细胞下降和转氨酶水平升高等，严重时导致进行性呼吸衰竭，并致人死亡。SARS病毒属冠状病毒科，毒粒形状不规则，有包膜，表面有突起，直径60～220nm。主要通过空气飞沫、接触病毒感染者的呼吸道分泌物和密切接触进行传播。

2009年发生的甲型H1N1流感是由新的流感病毒变异株引起，该病毒人群普遍易感，已引起跨国、跨洲传播。甲型H1N1流感的症状与其他流感症状类似，如高热、咳嗽、乏力、厌食等，流感病人在发病前一天已可排毒。也有一些人感染后无以上发病症状，但仍然具有传染性。

在病毒疫苗的生产上，乙肝病毒疫苗、狂犬病病毒疫苗、脊髓灰质炎病毒疫苗等多种病毒疫苗已广泛使用，在人类与病毒的斗争中发挥着巨大的作用。

五、亚病毒因子

亚病毒因子包括类病毒、卫星病毒、卫星RNA和朊病毒。类病毒和朊病毒能独立复制，朊病毒颗粒无基因组核酸。卫星病毒及卫星RNA具有核酸基因组，但必须依赖辅助病毒进行复制。

（一）类病毒

类病毒是一个裸露的单链环状RNA分子。1971年Diener发现，引起马铃薯纺锤形块茎病的病原体是一种只有侵染性小分子RNA，而没有蛋白质的感染因子，这种RNA能在敏感细胞内自我复制，并不需要辅助病毒，由于其结构和性质与已知的病毒不同，故把它称为类病毒。

类病毒由246～375个核苷酸组成，大小仅为最小病毒的1/20，但类病毒RNA无mRNA活性，不能编码蛋白质。大多数类病毒RNA都呈高度碱基配对的双链区与未配对的环状区相间排列的杆状构型。

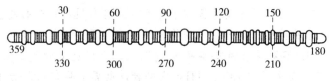

图1-49　马铃薯纺锤形块茎病类病毒的结构

迄今已鉴定的类病毒多为侵染植物的病毒，如马铃薯纺锤形块茎病病毒、番茄簇顶病病毒、柑橘裂皮病病毒、菊花褪绿斑驳病病毒、黄瓜白果病病毒和酒花矮化病病毒等。

（二）卫星病毒

卫星病毒是一类基因组缺损，在宿主细胞中不能自主复制，而必须依赖其他病毒提供的酶才能完成其复制周期的亚病毒因子。能帮助卫星病毒完成其感染循环的病毒则称为辅助病毒。如大肠杆菌 P_4 噬菌体，缺乏编码衣壳蛋白的基因，需辅助病毒大肠杆菌 P_2 噬菌体同时感染，依赖 P_2 合成的壳体蛋白装配成 P_4 壳体，再与其 DNA 组装成完整的 P_4 颗粒。常见的卫星病毒还有丁型肝炎病毒、卫星烟草花叶病毒、卫星玉米白线花叶病毒等。

（三）卫星 RNA

卫星 RNA 是一类包装在辅助病毒的壳体中，必须依赖辅助病毒才能复制的 RNA 分子片段，也称为拟病毒。卫星 RNA 对于辅助病毒的复制不是必需的，且与辅助病毒的基因组无明显的同源性。

卫星 RNA 是 Randles 等于1981年在研究绒毛烟斑驳病毒（VTMoV）时发现的。VTMoV 基因组除含一种大分子线状 ssRNA（称 RNA-1）外，还含有一种环状 ssRNA 分子（称 RNA-2），这两种 RNA 单独接种时，都不能感染和复制，只有把两者合在一起时才可以感染和复制。常见的卫星 RNA 还有烟草坏斑病毒的卫星 RNA、番茄黑环病毒的卫星 RNA 和黄瓜花叶病毒的卫星 RNA 等。

（四）朊病毒

朊病毒是一类具有侵染性并能在宿主细胞内复制的小分子无免疫性的疏水蛋白质。人的库鲁病、牛海绵状脑病（即疯牛病）、羊瘙痒病等病的病原体均为朊病毒。

朊病毒是美国科学家 Prusiner 于 1982 年在研究羊瘙痒病的病原体时发现的。朊病毒在电子显微镜下呈杆状颗粒，直径 25nm，长 100～200nm。经高温、辐射等能使病毒失活的因子处理后，病原体仍然有活性，而尿素、苯酚等蛋白变性剂则能使之失活。

朊病毒的发现在生物学界引起震惊，因为它与目前公认的"中心法则"，即生物遗传信息流的方向是"DNA→RNA→蛋白质"的传统观念发生抵触。通过对朊病毒的深入研究可能会更加丰富"中心法则"的内容。此外，还可能对一些疾病的病因、传播研究以及治疗带来新的希望。

 本章·小·结

原核微生物包括真细菌（细菌、放线菌、蓝细菌、支原体、立克次体、衣原体、螺旋体等）和古生菌两大类群。

细菌是单细胞原核微生物，基本形态杆状、球状和螺旋状 3 种，其大小以

微米来度量。细菌细胞有一般构造（如细胞壁、细胞膜、细胞质、核区）和特殊构造（如鞭毛、糖被和芽孢等）。通过革兰染色是将细菌分成 G^+ 和 G^- 两大类。细菌以二分裂方式进行繁殖，在固体培养基上可以形成菌落，不同微生物在特定培养基上生长形成的菌落一般都具有稳定的特征。放线菌是丝状原核微生物，能产生大量的、种类繁多的抗生素。蓝细菌是能进行产氧光合作用的原核微生物。

真菌是一类低等的真核微生物，根据其外观特征可粗分为霉菌、酵母菌和蕈菌。霉菌为丝状真菌，菌丝分成无隔菌丝和有隔菌丝两大类，通过菌丝片段或形成大量的无性孢子、有性孢子进行繁殖；酵母菌是单细胞真菌，呈球状或近球状，常见的繁殖方式是芽殖，也可形成子囊孢子；蕈菌是可形成大型子实体的高等真菌，主要属于担子菌。

病毒是非细胞型微生物，病毒粒子形态多样，主要由衣壳和核酸两部分组成。噬菌体是侵染原核生物的病毒，其增殖可分为吸附、侵入、增殖、组装、释放 5 个阶段；植物病毒和动物病毒能引起动植物的病毒病；亚病毒因子比病毒更小、结构更简单，包括类病毒、卫星病毒、卫星 RNA 和朊病毒等。

表 1 - 4　四大类微生物形态特征和繁殖方式的比较

特　征		细　菌	放线菌	酵母菌	霉　菌
细胞特征	细胞形态	单细胞原核杆状、球状、螺旋状	单细胞原核丝状	单细胞真核圆形、假丝状	单细胞或多细胞真核丝状
	细胞大小	小 需油镜观察	小 需油镜观察	大 可高倍镜观察	大 可高倍镜观察
	生长速度	一般很快	慢	较快	快
菌落特征	外观形态	小而突起或大而平坦	小而紧密	大而突起	大而疏松或大而紧密
	菌落表面	表面黏稠	表面粉末状	表面黏稠	棉絮状或网状
	含水状态	很湿或较湿	干燥或较干燥	较湿	干燥
	菌落颜色	多样	十分多样	乳白色或红色	十分多样
	与培养基结合程度	不结合 易挑起	结合紧密 不易挑起	不结合 易挑起	结合较紧密 易挑起或较难挑起
	正反面颜色	相同	一般不同	相同	一般不同
	透明度	透明或稍透明	不透明	稍透明	不透明
	气味	常有臭味、酸味	常有泥腥味	多有酒香味	常有霉味
繁殖方式		无性裂殖	菌丝、孢子繁殖	芽殖或孢子繁殖	菌丝片段、孢子繁殖

复习思考题

1. 名词解释：肽聚糖　芽孢　糖被　菌落　真菌　病毒　温和噬菌体　烈性噬菌体　噬菌斑　溶源性细菌

2. 试从化学组成和构造叙述细菌细胞的结构和功能。

3. 试述革兰染色的机制。

4. 为什么芽孢对高温、辐射、干燥具有较强的抗性？

5. 比较蓝细菌、支原体、衣原体、立克次体、螺旋体。

6. 真菌有哪些无性和有性孢子？它们的主要特征是什么？

7. 举例说明细菌、放线菌、霉菌、酵母菌、蕈菌与农业生产的关系。

8. 试从形态结构、繁殖方式、菌落特征等方面比较细菌、放线菌、霉菌、酵母菌和蕈菌。

9. 病毒有哪些特征？以噬菌体为例说明病毒的增殖过程。

10. 试述病毒的化学组成及其功能。

11. 植物病毒是如何传播的？植物感染病毒后会出现哪些症状？

12. 亚病毒因子有哪些？各有何特点？

第二章 微生物的营养和培养基

1. 掌握培养基的配制原则及配制方法。
2. 理解微生物的营养类型和需要的营养物质。
3. 了解微生物吸收营养物质的方式。

同所有生物一样，微生物需要从外界环境中吸收营养物质，借以获得能量，合成细胞结构物质和代谢产物。微生物获得和利用营养物质的过程称为营养。有了营养，才可以进一步进行代谢、生长和繁殖，并可能为人们提供种种有益的代谢产物。营养物质是微生物生存的物质基础，而营养是微生物维持和延续其生命形式的一种生理过程，是生命活动的起始点。

熟悉微生物的营养知识，是培养、研究和利用微生物的必要基础。掌握了微生物的营养理论，就能合理地选用或设计符合微生物生长要求或更有利于生产实践的培养基。

第一节 微生物的营养物质

能够满足微生物机体生长、繁殖和完成各种生理活动所需的物质统称为营养物质。不同的微生物有不同的营养特点，与高等动植物相比，微生物具有营养物质的多样性和营养类型复杂性的特点，所以自然界中的许多物质都能被微生物分解转化。

一、微生物细胞的化学组成

分析微生物细胞中的化学组成与各成分的含量，是了解微生物营养需求的基础，也是设计与配制培养基、调控生长繁殖过程的重要理论依据。它也能反映微生物生长繁殖所需求的营养物质的种类与数量。

微生物细胞的化学组成与其他生物细胞的化学组成相似，主要由大量水分、有机物质和矿质元素组成（表2-1）。

表 2-1　微生物细胞的主要成分

细胞成分		含量（%）	主要元素
水分		70~90	氢、氧
干物质	有机物质（蛋白质、核酸、碳水化合物、脂肪、维生素）	占干物质90~97	碳、氮、氢、氧
	矿质元素	占干物质3~10	磷、硫、钙、镁、钾、钠、铁等

　　通过微生物细胞的化学分析，组成微生物细胞的主要化学元素除碳、氢、氧、氮四大元素外，还有磷、硫、钾、钙、镁、铁、钠、锰、铜、氯、钴、锌、钼等矿质元素。不同种类微生物细胞中的化学元素含量不同（表2-2）。同一种微生物在不同的生长时期及不同环境条件下，细胞内各元素的含量也会有改变。如幼龄细胞比老龄细胞含氮量高，在氮源丰富的培养基上生长的细胞比在氮源相对贫乏的培养基上生长的细胞含氮量高，而硫细菌、铁细菌和海洋细菌相对于其他细菌则含有较多的硫、铁、钠、氯等元素。

表 2-2　微生物细胞中几种主要元素的含量（干重%）

种　类	C	N	H	O	P	S
细　菌	50	15	8	20	3	1
酵母菌	50	12	7	31	—	—
丝状真菌	48	5	7	4	—	—

　　通过分析微生物细胞的化学组成，其细胞化学组成与高等生物无本质区别，明显存在着"营养上的统一性"。各种生物在营养方面的差别不是表现在对营养元素的需求上，而是表现在营养物质的来源和吸收方式上。

二、微生物的营养物质及其生理功能

　　微生物需要的营养物质主要有碳源、氮源、能源、无机盐、生长因子和水分六大类。

（一）碳源

　　凡能为微生物提供碳素来源的营养物质称为碳源。碳是构成细胞物质的主要元素，也是产生各种代谢产物和细胞储藏物质的重要原料，多数碳源还能为微生物生长发育提供能量。因此具有双重作用的碳源是需要量最大的营养。

微生物的碳源极其广泛，从简单的含碳无机物，如 CO_2 和碳酸盐，到各种各样的天然含碳有机物，如糖与糖的衍生物、醇类、有机酸、脂类、烃类、芳香族化合物等，都可以作为微生物的碳源，甚至像二甲苯、酚等有毒的物质都可以被少数微生物用作碳源。从总体来说，自然界中的碳源都可被微生物利用，这是由于微生物的种类多，它们的习性不同，所需要的碳素物质不同。就某一种微生物来说，它所利用的碳源是有限的。因此，可以根据微生物对碳源的利用情况作为分类的依据。

大多数微生物利用有机碳，最佳碳源是葡萄糖、果糖、蔗糖、麦芽糖和淀粉，其中葡萄糖最常用，其次是有机酸、醇和脂类。但微生物对不同糖类物质的利用也有差别，单糖优于双糖和多糖，己糖优于戊糖，葡萄糖、果糖胜于甘露糖、半乳糖；在多糖中，淀粉明显地优于纤维素和几丁质，纯多糖则优于杂多糖和其他聚合物（如木质素）等。少数生物能以 CO_2 或无机碳酸盐为惟一碳源，它们从日光或无机物氧化中摄取能源。

生产中的碳源主要来自植物体，如山芋粉、玉米粉、麸皮、米糠、糖蜜、作物秸秆等，其成分以碳源为主，同时也包含其他营养成分。在实验室中，常以葡萄糖、果糖、蔗糖、淀粉、甘露醇、甘油和有机酸等作为主要碳源。

（二）氮源

凡能为微生物提供氮素来源的营养物质称为氮源。微生物利用氮源合成氨基酸和碱基，进而合成蛋白质、核酸等细胞成分，以及含氮的代谢产物。氮源一般不作为能源，只有少数自养微生物，如硝化细菌可利用铵盐或硝酸盐作为氮源和能源。

自然界中氮素以 N_2、无机氮化物和有机氮化物 3 种形式存在。不同形式的氮源都可被相应的微生物利用。N_2 在自然界贮量极大，但只有少数固氮微生物能直接利用；无机氮化物主要有铵盐、硝酸盐等，很多微生物都能利用。但硝酸盐不如铵盐利用的快，铵盐几乎为所有微生物利用；有机氮源以简单和复杂氮化物两种形式存在。氨基酸、嘌呤、嘧啶、蛋白胨、尿素等简单有机氮化物可被微生物快速吸收利用。蚕蛹粉、豆饼粉等复杂有机氮化物须经胞外酶的作用，将其分解成简单有机氮化物才能成为有效态氮源。

实践生产中常用的氮源有鱼粉、饼肥、玉米浆、酵母膏、酵母粉、麸皮、米糠、粪肥等。实验室培养微生物常用铵盐、硝酸盐、蛋白胨和肉汤等为氮源。

（三）能源

微生物的一切生命活动都离不开能源，凡能为微生物的生命活动提供最初能量来源的物质或辐射能称为能源。不同的微生物利用不同的能源，主要为化学能和光能。化学能分别来自有机物的分解和无机物的氧化，光能是单一功能能源。有机物和还原态无机氧化物一般具有 2～3 种功能，除提供能源外，还兼有碳源和氮源的作用。

（四）无机盐

矿质元素多以无机盐的形式存在，也是微生物生长过程中不可缺少的营养物质。微生物生长所需浓度在 $10^{-3}\sim10^{-4}\,mol/L$ 范围内的元素称为大量元素，如 P、S、Mg、K、Na、Ca、Fe 等。生长所需浓度在 $10^{-6}\sim10^{-8}\,mol/L$ 范围内的元素为微量元素，如 Cu、Zn、Mn、Co、Mo 等。

不同的矿质元素有不同的生理功能，有的参与细胞组成和能量转移（如 P、S）；有的是酶的组成部分或激活剂（如 Fe、Mg、Mo 等）；有的调节酸碱度、细胞透性、渗透压等（如 Na、Ca、K）；有的还可为自养微生物提供能源（如 S、Fe）。

在配制培养基时，对大量元素来说，只要加入相应化学试剂即可，如 KH_2PO_4、$MgSO_4$、NaCl、$FeSO_4$ 等。对微量元素的需要量很少，通常在水、其他天然营养物质、玻璃器皿中作为杂质普遍存在，除非做特别精密的营养、代谢研究，一般无需专门添加。

（五）生长因子

微生物生长所必需，且需要量很小，其自身又不能合成或合成量不足以满足机体生长需要的有机化合物称为生长因子。广义的生长因子包括维生素、氨基酸、碱基 3 类物质，狭义的生长因子一般仅指维生素。生长因子具有十分重要的生理功能，一般作为酶的组成部分或活性基团，具有调节代谢和促进生长的作用。

在微生物培养基里常加入少量的酵母膏、牛肉膏、玉米浆、麦芽汁或其他新鲜的动植物组织浸出液等物质来满足它们对生长因子的需要。

（六）水分

水是维持微生物生命活动不可缺少的物质，具有极其重要的功能。水是良好的溶剂，营养物质与代谢产物都是通过溶解和分散在水中而进出细胞；水是细胞中各种生物化学反应得以进行的介质，并参与许多生物化学反应；水的比热高，又是热的良好导体，保证了细胞内的温度不会因代谢过程中释放的能量骤然上升，保持生活环境温度的恒定；一定量的水分是维持细胞膨压的必要条件；水分还能提供氢、氧两种元素。若水分不足，将会影响整个机体的代谢。

微生物细胞的含水量因种类、生活条件和菌龄不同而有差异。如细菌、酵母菌和霉菌的营养体含水量分别为 80%、75% 和 85%，真菌孢子和细菌芽孢的含水量仅为 40% 左右，这有利于抵抗干燥、高温等不良环境。

配制培养基一般用自来水、井水、河水即可，若有特殊要求可用蒸馏水。保藏某些食品和物品时，可用干燥法抑制微生物的生命活动。

第二节 微生物的营养类型和吸收方式

一、微生物的营养类型

微生物种类繁多，其营养类型也非常复杂。根据微生物生长所需要的能源、供氢体和基本碳源的不同，可将微生物分为以下 4 种类型（表 2-3）。

（一）光能自养型

利用光作为能源，以 CO_2 为碳源的营养类型称为光能自养型。该类型的微生物体内有一种或几种光合色素，能利用光能进行光合作用，以水或其他无机物为供氢体，将 CO_2 合成细胞有机物质。

单细胞藻类、蓝细菌、紫硫细菌、绿硫细菌都是光能自养型微生物。单细胞藻类、蓝细菌体内有叶绿素，具有与高等植物相同的光合作用，一般在好气条件下进行产氧光合作用。

$$CO_2 + H_2O \xrightarrow[\text{叶绿素}]{\text{光能}} [CH_2O] + O_2 \uparrow$$

污泥中的绿硫细菌和紫硫细菌细胞内无叶绿素，只有菌绿素，在严格的厌氧条件下进行不产氧的光合作用。产生的元素硫或积累在细胞内或排泌到细胞外。

$$CO_2 + 2H_2S \xrightarrow[\text{菌绿素}]{\text{光能}} [CH_2O] + H_2O + 2S$$

表 2-3 微生物的营养类型

营养类型	能源	供氢体	基本碳源	举例
光能自养 （光能无机营养）	光能	无机物	CO_2	蓝细菌、紫硫细菌、绿硫细菌、单细胞藻类
光能异养 （光能有机营养）	光能	有机物	CO_2 及简单有机物	红螺菌科的细菌（即紫色非硫细菌）
化能自养 （化能无机营养）	化学能 （无机物氧化）	无机物	CO_2	硝化细菌、硫化细菌、铁细菌、氢细菌等
化能异养 （化能有机营养）	化学能 （有机物氧化）	有机物	有机物	绝大多数细菌，所有放线菌及真菌

（二）化能自养型

利用无机物氧化所产生的化学能为能源，以无机碳为主要碳源的营养类型称为化能自养型。NH_3、NO_2、H_2S、S、H_2、Fe^{2+} 等均可被相应的化能自养微生物氧化，并为之提供还原 CO_2 为细胞有机物质的能量。如硫化细菌和硫细菌能在含硫环境中进行化能自养生活，将 H_2S 或硫氧化为硫酸。氧化成的硫酸常使金属物品及管道腐蚀。

$$2H_2S+O_2 \longrightarrow 2H_2O+2S+能量$$
$$2S+3O_2+2H_2O \longrightarrow 2H_2SO_4+能量$$
$$CO_2+H_2O \longrightarrow [CH_2O]+O_2$$

（三）光能异养型

利用光能作为能源，以有机碳或 CO_2 为碳源，以有机物为供氢体的营养类型称为光能异养型。该类型微生物体内有光合色素，能进行光合作用，将有机碳化物或 CO_2 同化为细胞物质，其光合作用也是不产生氧气。

例如污泥或湖泊中的红螺菌能利用甲基乙醇为供氢体，进行光合作用，并积累丙酮。光能异养微生物虽有的也能利用 CO_2 为碳源，但生活环境中至少有一种有机物作为供氢体才能生长。

$$2(CH_3)_2CHOH+CO_2 \xrightarrow[光合色素]{光能} 2CH_3COCH_3+[CH_2O]+H_2O$$

（四）化能异养型

以有机物为碳源和供氢体，以分解有机物放出的化学能为能源的营养类型称为化能异养型。该类型微生物在自然界中的种类最多，数量最大，分布最广。大多数细菌、所有的放线菌、真菌及病毒都是该类型的。

根据化能异养型微生物生活方式不同，分为腐生菌、寄生菌和兼生菌。以无生命的有机物质为养料，靠分解生物残体而生活的微生物为腐生菌。大多数腐生菌是有益的，在自然界物质转化中起重要作用，但也会导致农产品的腐败。在活的有机体内生活的微生物为寄生菌，它们多是动植物的病原菌。既能营腐生也能营寄生生活的微生物称为兼生菌，如大肠杆菌可在人和动物肠道内寄生，随粪便排出体外，又可在水、土境和粪便中腐生；引起瓜果腐烂的瓜果腐霉的菌丝可侵入果树幼苗的胚芽基部进行寄生，也可在土壤中长期腐生。

但是，以上微生物营养类型的划分并非绝对的，许多异养微生物也不是绝对不利用 CO_2，只是不以 CO_2 作为惟一或主要碳源进行生长，在有机物存在的情况下也可将 CO_2 同化为细胞物质。同样，自养型微生物并不拒绝利用有机碳源，如氢细菌为化能自养微生物，但环境中有现成有机物时，它又会直接利用有机物进行异养生活。

另外，有些微生物在不同生长条件下生长时，其营养类型也会发生变化，如红螺菌在有光和厌气条件下，利用的是光能，为光能异养型；在无光和好气条件下，利用的是有机物氧化放出的化学能，为化能异养型。

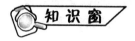

细 菌 冶 金

　　一些细菌可以从贫矿石、尾矿石或地下难采矿石中富集铜、金、铀等金属。细菌冶金的原理是利用氧化亚铁硫杆菌、氧化硫硫杆菌、铁氧化钩端螺菌、嗜酸热硫化叶菌等自养型微生物氧化各种硫化矿获得能量，并产生硫酸和酸性硫酸高铁 $[Fe_2(SO_4)_3]$，这两种化合物是很好的矿石浸出溶剂，可把黄铜矿、赤铜矿等多种矿中的铜以硫酸铜的形式溶解出来，再用铁置换出铜，生成的硫酸亚铁又可被细菌作为营养物氧化成酸性硫酸高铁，再次作为矿石浸出溶剂。如此循环往复，可溶的目的金属（如铜）能从溶液中获取，不溶的目的金属（如金）能从矿渣中得到。全世界铜的总产量中约有 15% 是用细菌浸出法生产出来的，加纳细菌浸金工厂处理金矿石的能力可达 30t/h，年产黄金 15t。

二、微生物对营养物质的吸收方式

　　微生物没有专门的取食器官，摄取营养物质是依靠整个细胞表面进行的。原生动物多以直接捕食的吞噬方式摄取营养，绝大多数微生物通过渗透吸收营养物质。营养物质进入微生物细胞是一个复杂的生理过程，细胞壁是营养物质进入细胞的屏障之一，复杂的大分子物质如淀粉、蛋白质、纤维素、果胶等在进入细胞前必须先经过胞外酶的初步分解才能进入。细胞膜为半透性膜，是控制营养物质进入和代谢产物排出细胞的主要屏障，具有选择吸收功能。通常认为，营养物质通过细胞膜的方式有以下 4 种（图 2-1）。

（一）单纯扩散

　　单纯扩散又称被动吸收，是物质进出细胞最简单的一种方式。物质扩散的动力是物质在膜内外的浓度差，营养物质不能逆浓度运输。物质扩散的速率随细胞膜内外营养物质浓度差的降低而减小，直到膜内外营养物质浓度相同时才达到一个动态平衡。单纯扩散不需要膜上载体蛋白的参与，不消耗能量，被扩散的分子不发生化学反应，其构象也没有变化。

　　单纯扩散的速度比较慢，不是微生物细胞获取营养物质的主要方式。细胞不能选择性吸收必需的营养物质，也不能将低浓度溶液中的溶质分子进行逆浓度差的运输。进行单纯扩散的物质主要是 H_2O、CO_2、O_2、甘油、乙醇、氨基酸分子等物质。

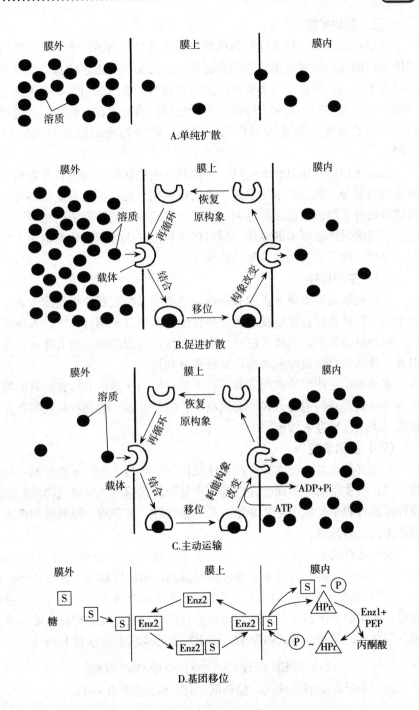

图 2-1　营养物质进入细胞的 4 种方式

（二）促进扩散

促进扩散也是一种被动的物质跨膜运输方式，但不同于单纯扩散的是需要载体蛋白的参与。载体蛋白也叫渗透酶，渗透酶与所运送的营养物质的亲和力在膜外表面高，而在膜内表面低。因而在膜外，渗透酶与营养物质结合，当渗透酶转向膜内时由于亲和力降低，将所运输物质释放在细胞内。渗透酶在这一过程中起着加快运输速度的作用，膜内、膜外物质的浓度差决定物质运输方向。

载体蛋白的作用具有专一性，不同载体蛋白运载不同的营养物质，由于载体蛋白的参与，促进扩散比单纯扩散快许多倍。促进扩散只能把环境中浓度较高的溶质分子加速扩散到细胞内，直至细胞膜两侧的溶质浓度相等为止，但也不会引起溶质逆浓度差的输送。通过促进扩散进入细胞的营养物质主要有氨基酸、单糖、维生素及无机盐等营养物质。

（三）主动运输

主动运输是需要载体蛋白和能量，逆浓度差吸收营养物质的方式，又称主动吸收。载体蛋白在细胞膜外侧选择性地与溶质分子结合，当进入细胞膜内侧后，在能量参与下，载体蛋白发生构型变化，与溶质的亲和力降低，将其释放出来。载体蛋白恢复原来构型，又可重复利用。

主动运输可使生活在低营养环境下的微生物获得浓缩形式的营养物质，是微生物吸收营养的主要方式。无机离子、糖类、氨基酸和有机酸等营养物质就是通过主动运输进入细胞。

（四）基团移位

基团移位也是一种既需要特异性载体蛋白参与，又消耗能量的一种物质吸收方式。与主动运输不同的是它有一个复杂的运输系统来完成物质的运输，物质在运输过程中发生了化学变化。糖、脂肪酸、核苷酸、碱基等物质主要通过这种方式进行运输。

磷酸转移酶系统是多种糖的运输媒介。糖分子进入细胞后以磷酸糖的形式存在于细胞内，磷酸糖是不能透过细胞膜的。磷酸转移酶系统（PTS）包括酶1、酶2和热稳定蛋白（HPr）。HPr为一种低相对分子质量的可溶性蛋白，它起着高能磷酸载体的作用。它们基本上有两个独立的反应组成：第一个反应由酶1催化，使磷酸烯醇式丙酮酸（PEP）上的磷酸基转移到HPr上。

$$PEP + HPr \xrightarrow{\text{酶}1} P\text{-}HPr + 丙酮酸$$

另一个反应由酶2催化，使磷酸-HPr的磷酸基转移到糖上。

$$P\text{-}HPr + 葡萄糖 \xrightarrow{\text{酶}2} 6\text{-}磷酸葡萄糖 + HPr$$

4种吸收方式比较见表2-4。

表 2-4　4种吸收方式的比较

比较项目	单纯扩散	促进扩散	主动运输	基团移位
特异载体蛋白	无	有	有	有
运输速度	慢	快	快	快
溶质运送方向	由高到低	由高到低	由低到高	由低到高
平衡时内外浓度	内外相等	内外相等	内部浓度高	内部浓度高
运送分子	无特异性	有特异性	有特异性	有特异性
能量消耗	不耗能	不耗能	耗能	耗能
运送前后溶质分子	不变	不变	不变	改变
运输物质	H_2O、CO_2、O_2、甘油、乙醇	$SO_3{}^{2-}$、$PO_4{}^{3-}$、糖	氨基酸、乳糖、Na^+、Ca^{2+}	葡萄糖、果糖、甘露糖、嘌呤、核苷、脂肪酸等

第三节　培　养　基

　　培养基是由人工配制的，适合微生物生长繁殖或产生代谢产物的营养基质。培养基是微生物学研究和微生物发酵生产的基础。

一、配制培养基的基本原则

(一) 营养适宜

　　培养基应含有满足微生物生长繁殖所必需的一切营养物质，包括碳源、氮源、无机盐、水及生长因子。但微生物的营养类型复杂，不同的微生物对营养物质的需求也不一样，因此，首先要根据微生物对营养的需求来配制不同的培养基。例如，自养微生物能利用简单的无机物合成自身需要的复杂有机物，其培养基可以由简单的无机物组成，而异养微生物的合成能力较弱，培养基中至少要有一种有机物。对于某些需要添加生长因子才能生长的微生物，还需加入它们需要的生长因子。而病毒、立克次体、衣原体等专性寄生微生物不能在人工制备的一般培养基上生长，而须用鸡胚、活细胞和活体动物来培养。

　　其次还要据根培养目的配制培养基，如为获取微生物细胞或作为种子培养基用，培养基成分宜丰富些，尤其是氮源比例高，这样有利于微生物的生长繁殖；而以生产代谢产物的培养基，应兼顾菌体和产物，所含氮源不宜太高，避免微生物菌体生长过旺而影响代谢产物的积累。

（二）营养协调

培养基中各种营养物质的浓度要适宜，浓度过低或过高会阻碍微生物的生长，抑制代谢产物的生成。对于大多数异养微生物来说，培养基中含量最高的是水分，其次是碳源。碳源、氮源、无机盐和生长因子在培养基中的含量一般以 10 倍序列递减。碳源约占培养基浓度的百分之几，氮源约占千分之几，磷硫等矿质元素约占万分之几，生长因子约占百万分之几。

各营养物质之间的比例也是影响微生物生长繁殖和代谢产物积累的主要因素。其中碳氮比（C/N）的影响最大。碳氮比指培养基中碳元素与氮元素摩尔数的比值，有时也指培养基中还原糖与粗蛋白之比。不同的微生物对 C/N 的要求也不同。如细菌和酵母菌培养基中的 C/N 约为 5:1，霉菌培养基中的 C/N 约为 10:1。利用微生物发酵生产谷氨酸的过程中，C/N 直接影响发酵产量，如果培养基 C/N 为 4:1，则菌体大量繁殖，谷氨酸积累少；如果培养基 C/N 为 3:1，则菌体繁殖受抑制，谷氨酸产量增加。

（三）条件适当

培养基的 pH、氧化还原电位、渗透压等因素都会影响微生物的生长。

1. pH 培养基的 pH 不仅影响微生物的生长，还会改变其代谢途径，影响代谢产物的形成。各种微生物需要的酸碱度不同，一般来说，细菌生长的最适 pH 为 7.0～8.0，放线菌为 7.5～8.5，酵母菌为 3.8～6.0，而霉菌为 4.0～5.8。因培养基经灭菌和微生物生长后易变酸，所以灭菌前培养基的 pH 应略高于所需求的 pH。

微生物在生长繁殖和代谢过程中，会产生改变培养基 pH 的代谢产物。如微生物在含糖培养基生长时产生的有机酸会使培养基 pH 下降，而微生物分解蛋白质与氨基酸时产生的氨则会使培养基 pH 上升。为使培养基的 pH 有一定稳定性，常加入一些缓冲物质，如磷酸盐、碳酸盐、蛋白胨、氨基酸等，除提供营养外，还有一定缓冲性。

2. 氧化还原电位 不同的微生物对培养基的氧化还原电位要求也不同。一般好氧微生物生长的氧化还原势（Eh）为 +0.3～+0.4V，厌氧微生物只能生长在 +0.1V 以下的环境中。Eh 值与氧分压、pH 有关，同时也受微生物的某些代谢产物影响。在 pH 相对稳定的条件下，可通过增加通气量提高培养基的氧分压，或加入氧化剂，来增加 Eh 值；在培养基中常用还原性物质来降低 Eh 值，如抗坏血酸、硫化氢、半胱氨酸、谷胱甘肽等。

3. 渗透压 培养基中营养物质的浓度过高,渗透压太大,使细胞脱水造成质壁分离,抑制微生物的生长;在低渗溶液中,细胞吸水膨胀,易破裂,出现胞浆溢出的现象。配制培养基时要注意掌握好营养物质的浓度,调节好渗透压。

（四）经济节约

配制培养基时，特别是在大规模生产中，应遵循经济节约的原则。在保证微生物生长与积累代谢产物需要的前提下，尽可能选用来源广泛、价格低廉、配制方便的原料，如采用"以粗代精"、"以野代家"、"以废代好"、"以简代繁"、"以短代粮"、"以纤代糖"等措施降低原料成本。农副产品或制品，如麸皮、米糠、酵母浸膏、饼肥、作物秸秆、粪肥等都是常用的生产原料。

二、培养基的类型

培养基种类繁多，根据其成分、物理状态和用途等，将其分为下列类型：

（一）按培养基成分划分

1. 天然培养基 用生物组织及其浸出物等天然有机物制成的培养基，称为天然培养基。常用的浸出物有牛肉膏、酵母膏、蛋白胨、血清、马铃薯汁等，各种农副产品也是重要的原料，如麦麸、米糠、各种秸秆。天然培养基配制简单，营养丰富，原料来源广而经济，是生产上常用的培养基。其缺点是成分不稳定，也不清楚，重复性差，不适宜用做精确的科学实验。

2. 合成培养基 完全用已知成分的化学药品配制成的培养基为合成培养基。合成培养基的成分清楚，容易控制，适于在实验室范围内进行有关营养、代谢、鉴定和选育菌种等定量要求较高的研究工作。但其价格高，配制麻烦，微生物生长慢。

3. 半合成培养基 既有天然有机物，又有已知成分化学药品的培养基为半合成培养基。通常是在天然培养基的基础上适当加入无机盐类，或在合成培养基的基础上添加某些天然有机物。半合成培养基能更有效地满足微生物对营养物质的要求，适合培养大多数微生物。如培养真菌的马铃薯葡萄糖培养基。

（二）按培养基状态划分

1. 液体培养基 液体培养基是将各种营养物质溶解于定量水中而制成的营养液。液体培养基营养成分分布均匀，微生物能充分接触养料，有利于生长繁殖和代谢物的积累。适用于进行细致的生理生化代谢方面的研究，现代化发酵生产多采用液体培养基。

2. 固体培养基 呈固体状态的培养基都称固体培养基。固体培养基有的是加凝固剂后制成，有的直接用天然固体状物质制成。常用作凝固剂的物质有琼脂、硅胶、明胶等，其中以琼脂最为常用。

固体培养基中琼脂的用量一般是 $1.5\% \sim 2.0\%$。琼脂是从低等植物红藻中提取的一种多糖，性能稳定，不易被微生物分解利用；琼脂的融化温度是96℃，凝固温度是 40℃；透明度好，黏着力强；能反复凝固融化，不易被高温灭菌而破坏。但培养基的 pH 在 4.0 以下时，琼脂融化后会不凝固。

另一类固体培养基是用天然固体基质，如麸皮、米糠、木屑、作物秸秆、麦粒等制成的培养基，是传统微生物生产常用的培养基。

3. 半固体培养基 液体培养基中加入 0.2% ~ 0.5% 的琼脂，即成半固体培养基。半固体培养基在容器倒放时不流下，在剧烈振荡后能破散。该培养基常用于观察细菌的运动能力、细菌对糖类的发酵能力和噬菌体的效价测定等。

（三）按培养基用途划分

1. 基础培养基 基础培养基含有某类微生物共同需要的营养物质，几种常用的基础培养基见表 2 - 5。

表 2 - 5　几种常用的基础培养基

类型	名称	成分（%）				培养的微生物
		碳源	氮源	无机盐	生长因子	
合成培养基	高氏 1 号	可溶淀粉 2.0	KNO_3 0.1	K_2HPO_4 0.05 NaCl 0.05 $MgSO_4$ 0.05 $FeSO_4$ 0.001	—	放线菌
	察氏	蔗糖 3.0	$NaNO_3$ 0.2	K_2HPO_4 0.1 KCl 0.05 $MgSO_4$ 0.05 $FeSO_4$ 0.001	—	霉菌
半合成培养基	牛肉膏蛋白胨	牛肉膏 0.5	蛋白胨 1.0	NaCl 0.5	肉汁中已有	细菌
	马铃薯葡萄糖	马铃薯 20 葡萄糖 2.0	马铃薯中已有	K_2HPO_4 0.3 $MgSO_4$ 0.15	马铃薯中已有	真菌
天然培养基	麦芽汁	麦芽汁、豆芽汁中已有的各种成分				霉菌、酵母菌
	豆芽汁					

2. 选择培养基 向培养基中加入一种其他菌不能利用的营养物质或加入抑制其他菌生长的物质，只利于某种微生物生长的培养基称为选择培养基。选择培养基可使该微生物大大增殖，在数量上超过原有占优势的微生物，以达到富集培养的目的，常用于菌种分离。

如在分离某种微生物时，若样品中被分离菌种的含量很少，为提高该菌的筛选效率，可向培养基中加入只有被选微生物所需要的特殊营养物质，以利于该菌快速生长，而不利其他菌生长，这样的培养基也称为加富或增殖培养基。用于加富的营养物主要是一些特殊的碳源和氮源。如加入纤维素分离纤维素分解细菌；加入石蜡油分离出以石蜡油为碳源的微生物；加入甘露醇用来分离自生固氮菌等。

除用加富培养基增加被选菌的数量外，还可向培养基中加入抑制杂菌生长的物质，以间接地促进被选菌的生长。常用的抑制剂是染料（结晶紫等）、抗生素和脱氧胆酸钠等。如分离真菌用的马丁氏培养基中加有抑制细菌生长的孟加拉红、链霉素和金霉素；分离产甲烷菌用的培养基加入抑制真细菌的青霉素等。

3. 鉴别培养基　加入能与某种微生物的代谢产物发生显色反应的指示剂或化学药物，从而能用肉眼区分不同微生物的菌落的培养基，称为鉴别培养基。这种培养基能快速使菌落形态相似的微生物出现明显差别。如区分大肠杆菌和产气杆菌时采用的伊红美蓝培养基，伊红为酸性染料，美蓝为碱性染料，大肠杆菌能强烈分解乳糖产生大量有机酸，结果与两种染料结合形成深紫色菌落。由于伊红还发出略呈绿色的荧光，因此在反射光下可以看到大肠杆菌形成具有金属光泽的深紫色小菌落，而产气杆菌则形成湿润的灰棕色大菌落。它在饮用水、牛乳的大肠杆菌等细菌学检验以及遗传学研究上有着重要的用途。

三、培养基的制作

斜面与平板培养基是常用的琼脂固体培养基。将熬制好的琼脂培养基趁热装入试管，灭菌后摆斜面，凝固后即成斜面培养基。斜面培养基常用于菌种培养、菌种保藏等工作；将灭菌后的琼脂培养基倾注于无菌培养皿中，凝固后即成平板培养基。平板培养基常用于分离菌种、菌落计数、菌落形态观察及菌种鉴定等。

尽管培养基种类繁多，但在实际制作过程中，除少数几种特殊培养基外，其一般制作技术大致相同。斜面及平板培养基的制作过程大致为：选择配方→称取原料→溶解原料→融化琼脂→定容→调整 pH→分装→塞入棉塞→包扎→灭菌→制斜面或平板→无菌检查。具体配制过程详见综合实训一。

本章小结

微生物细胞主要由水分、有机物质和矿质元素组成，微生物生长的营养物质主要有碳源、氮源、能源、无机盐、生长因子和水分六大类，除水分外，碳源需要量最大，其次是氮源，微生物可利用光能或化学能为能源。无机盐中磷、硫需量稍大，钾、镁次之，其他元素和生长因子的需要量一般很少。

根据微生物生长所需要的能源、供氢体和基本碳源的不同，将微生物分为光能自养型、化能自养型、光能异养型和化能异养型 4 大类，多数微生物属于化能异养型。微生物通过单纯扩散、促进扩散、主动运输和基团转位4种方式控制物质的运输，其中主动运输可从外界低浓度溶液中吸收自身需要的营养物，是微生物主要的运输方式。

　　培养基是由人工配制的，适合微生物生长繁殖或产生代谢产物的营养基质，配制培养基是从事微生物学科研、发酵生产的基本环节。设计和选用培养基应遵循营养适宜、营养协调、条件适当和经济节约的原则。培养基的种类很多，按营养物质的来源分为天然培养基、合成培养基和半合成培养基；按培养基的状态分为液体培养基、固体培养基和半固体培养基；按培养基的用途分为基础培养基、选择培养基和鉴别培养基等。

复习思考题

1. 微生物的营养物质有哪些？各有哪些生理功能。
2. 举例说出微生物常用的碳源和氮源？
3. 什么是生长因子？是否任何微生物都需要生长因子？
4. 微生物的营养类型有哪几种？划分它们的依据是什么？试各举一例。
5. 自养型和异养型微生物的根本区别是什么？
6. 微生物吸收营养物质的方式主要有几种？试比较它们的异同。
7. 什么是培养基？配制培养基的基本原则是什么？
8. 为什么说琼脂是最理想的凝固剂？
9. 什么是选择培养基和鉴别培养基？试各举一例，并分析其原理。

第三章　微生物的代谢及发酵

1. 掌握微生物的发酵工艺及控制条件。
2. 理解酶的特性、微生物的呼吸类型。
3. 了解酶在各个领域的应用、微生物代谢产物的类型。

　　微生物代谢是微生物活细胞中各种生化反应的总称。代谢是生命活动的最基本特征，是推动生物一切生命活动的动力源。代谢分为物质代谢和能量代谢，物质代谢包括分解代谢和合成代谢，能量代谢包括产能代谢和耗能代谢。

　　分解代谢又称异化作用，是将复杂的有机分子分解成简单分子，并释放能量的过程；合成代谢又称同化作用，它与分解代谢正好相反，是一种吸收能量将简单分子合成复杂的有机分子的过程。两种作用既相互对立又相互统一，共同决定着生命的存在与发展。

第一节　微生物的酶

　　生物体内的一切生化反应都是在酶的催化下进行的。可以说，没有酶就没有生命。酶是由活细胞产生的，具有催化活性和高度专一性的一类特殊蛋白质。

一、酶的特性

酶作为生物催化剂，与一般的催化剂相比，具有以下的显著特点：

（一）高效性

　　酶的催化效率比一般催化剂催化的反应高 $10^7 \sim 10^{13}$ 倍，比没有催化剂催化的反应高 $10^8 \sim 10^{20}$ 倍。如 1 分子的过氧化氢酶 1min 能催化分解 5×10^6 个过氧化氢分子，比铁催化过氧化氢的效率高 1×10^{10} 倍。脲酶水解尿素的效率

比酸水解尿素高 7×10^{12} 倍左右。

（二）专一性

大多数的酶只能催化一种反应或一类反应，表现出对底物高度的特异性和选择性，即高度的专一性。

不同酶的专一性程度不同，有的酶专一性较低，可以作用于多种底物，称为相对专一性，如蛋白酶可以催化多种蛋白质水解。有些酶专一性很高，除特定的底物外，不能作用于其他的物质，如脲酶只能将尿素水解为 CO_2 和 NH_3。有些酶只能作用于某一种立体异构的物质，称为立体异构专一性，如 L-谷氨酸脱氢酶只能作用于 L-谷氨酸，而不能作用于 D-谷氨酸。

（三）反应条件温和

酶一般在常温、常压、接近中性 pH 等较温和的条件下就能顺利催化各种反应，如固氮微生物可在常温、常压条件下，通过固氮酶的作用，将大气中的分子态氮固定成氨。而在工业上用化学法合成氨时，无机催化剂需要在 $20\,000\sim30\,000$ kPa 和 $500℃$ 条件下才能进行。在自然界，如果没有雷电这种强有力的放电作用，空气中氮的固定是根本不可能的。

（四）敏感性

酶是蛋白质，具有蛋白质的结构和生物学特性，因此高温、高压、强酸、强碱或紫外线等不利的物化因素都很容易使酶蛋白变性，从而使酶失去催化活性。适宜的温度和酸碱度是酶保持最高活性的重要因素，超过适宜范围，会降低酶的催化效率。不同的酶所需的最适温度和酸碱度是不同的（表 3-1）。

表 3-1　几种酶的最适温度和最适 pH

名　称	最适温度（℃）	最适 pH
液化淀粉酶	85～94	6.0～6.5
糖化淀粉酶	54～56	4.8～5.0
蛋白酶	50～55	7.0～8.0
碱性蛋白酶	50	10.0～11.0
脂肪酶	40	7.5
纤维素酶	45	4.5
果胶酶	50	3.0～3.5
核糖核酸酶	37	6.2
葡萄糖氧化酶	30～38	5.6

（五）可调节性

酶是生物体的组成成分，和体内其他物质一样，其活性受多方面的调控，如酶原活化、激活剂、抑制剂、激素调节、辅助因子（如辅酶、辅基或金属离子）、代谢物对酶的反馈调节等，通过这些调控来调节酶的活性和产量，进而使代谢得以顺利进行。

二、酶的分类及其应用

（一）酶的分类

根据酶在细胞中的存在部位可分为胞外酶和胞内酶。细胞产生后分泌到细胞外进行作用的酶为胞外酶。主要是水解酶类，如蛋白酶、淀粉酶和纤维素酶等。胞外酶能将外界复杂营养物质分解为可溶性的简单成分，便于微生物吸收利用，在微生物的营养中起重要作用。

在细胞内部起作用的酶为胞内酶。大多数酶是胞内酶，它们在细胞内有严格的活动区域，从而使微生物的生理活动在时间上和空间上都有次序地、高度协调地进行。

不同的酶催化不同的反应，根据其催化反应性质的不同可分为氧化还原酶类、转移酶类、水解酶类、裂解酶类、异构酶类和合成酶类等。

（二）酶的主要应用

以前主要是从动物内脏（胃、肠、胰、心脏等）或植物中提取酶类，因而酶的来源易受季节、地区、数量等条件的限制，远远不能满足生产需要。后来发现几乎所有的酶类都可在微生物细胞中找到，微生物种类繁多，至少能产生 2 500 种酶；微生物生长繁殖快，可缩短生产周期，而且易于大规模培养，便于人工控制。因此，目前普遍采用微生物发酵法生产酶制剂，并广泛地应用于食品、轻工业、医药等各个生产领域（表 3-2）。

表 3-2 微生物酶制剂的主要应用

名 称	重要的产酶微生物	应 用
淀粉酶	米曲霉、黑曲霉、芽孢杆菌	水解淀粉、纤维退浆、酿酒、饲料加工
蛋白酶	枯草杆菌、黑曲霉等	蚕丝脱胶、皮革软化及脱毛、纤维退浆、酱油制造、肉类加工、饲料加工
脂肪酶	假丝酵母、青霉等	皮革软化、羊毛脱脂、乳品加工、大豆脱腥
纤维素酶	木霉、根霉、曲霉、青霉	蔬菜及果品加工、酒类发酵、糖化饲料
果胶酶	枯草杆菌、黑曲霉、黄曲霉	植物脱胶、纸浆发酵、蔬菜加工、果汁澄清
葡萄糖氧化酶	青霉、曲霉、醋酸杆菌	蛋品、食品加工，医学检验

1. 在食品加工中的应用 酶可用于淀粉加工、乳品加工、果汁加工、烘烤食品及啤酒发酵等方面。相关的各种酶包括淀粉酶、葡萄糖异构酶、乳糖酶、凝乳酶、蛋白酶等。目前，一些帮助和促进食物消化的酶，如促进蛋白质

消化的酶（菠萝蛋白酶、胃蛋白酶、胰蛋白酶等），促进纤维素消化的酶（纤维素酶、聚糖酶等），促进乳糖消化的酶（乳糖酶）和促进脂肪消化的酶（脂肪酶、酯酶）等，已成为食品市场发展的主要方向。

2. 在轻工业中的应用 酶主要用于洗涤剂制造（增强去垢能力）、毛皮工业、明胶制造、胶原纤维制造（黏接剂）、牙膏和化妆品的生产、造纸、感光材料生产、废水废物处理和饲料加工等。相关的酶包括淀粉酶、胰蛋白酶、纤维素酶等。

3. 在医药上的应用 用于临床的各类酶品种逐渐增加，除了可用作常规治疗外，如在体外循环装置中，利用酶清除血液废物，防止血栓形成；酶还可作为诊断试剂，可以快速、灵敏、准确地测定体内某些代谢产物。相关的各种酶包括胰蛋白酶、溶菌酶、脲激酶、链激酶等。

第二节　微生物的产能代谢

微生物的产能代谢是营养物质在体内经过一系列连续的氧化还原反应，逐步分解并释放能量的过程，又称为生物氧化。在代谢中产生的能量可被微生物直接利用，或通过能量转换贮存到高能化合物（如 ATP）中，或以热能的形式释放到环境中。不同类型微生物进行生物氧化所利用的物质不同，异养微生物利用有机物，自养微生物则利用无机物。

一、微生物的呼吸类型

微生物体内发生的生物氧化反应的结果是一种物质被氧化，另一种物质被还原。一种物质失去氢，被氧化，为供氢体，必然有另一种物质得到氢，被还原，为受氢体，在氢的转移过程中伴随有能量释放。

根据氧化过程中最终受氢体的不同，可将微生物细胞内发生的生物氧化反应分成发酵和呼吸两种类型，而呼吸又可分为有氧呼吸和无氧呼吸。

1. 发酵 生理学的发酵是指以基质分解不彻底的某种中间代谢产物为最终受氢体的生物氧化过程。而工业上的发酵是指微生物在有氧或无氧条件下通过分解与合成代谢将某些原料物质转化为特定微生物产品的过程。

发酵的种类很多，可发酵的底物有糖类、有机酸、氨基酸等，其中以微生物发酵葡萄糖最为重要。发酵是厌氧微生物在生长过程中获取能量的一种主要方式，但这种氧化并不彻底，只释放出小部分的能量，大部分能量仍贮存在有机物中。如酵母菌在无氧条件下进行的酒精发酵：

$$C_6H_{12}O_6 \rightarrow 2CH_3COCOOH + 4H^+$$

$$2CH_3COCOOH + 4H^+ \rightarrow 2CH_3CHOH + 2CO_2 + 225.7kJ$$

2. 有氧呼吸 有氧呼吸是以分子氧为最终受氢体的生物氧化过程。这是绝大多数微生物所进行的氧化作用。通过有氧呼吸可将底物彻底氧化，并释放大量能量，形成较多的 ATP。如好氧微生物在有氧条件下利用葡萄糖进行的有氧呼吸：

$$C_6H_{12}O_6 + 6H_2O \rightarrow 6CO_2 + 24H^+$$
$$24H^+ + 6O_2 \rightarrow 12H_2O + 2\,875.8kJ$$

3. 无氧呼吸 无氧呼吸是以外源无机氧化物（NO_3^-、NO_2^-、SO_4^{2-} 或 CO_2 等）为最终受氢体的生物氧化过程。与有氧呼吸相比，无氧呼吸的最终受氢体为无机氧化物，一部分能量转移给它们，因此释放的能量不如有氧呼吸多。如反硝化细菌在无氧条件下以 NO_3^- 为最终受氢体进行无氧呼吸：

$$C_6H_{12}O_6 + 6H_2O \rightarrow 6CO_2 + 24H^+$$
$$24H^+ + 4NO_3^- \rightarrow 12H_2O + 2N_2 + 1\,793.2kJ$$

各种呼吸类型的本质都是基质在脱氢酶作用下逐步脱氢，并转移到受氢体上使之还原的过程，同时伴随着能量释放。各种呼吸类型的主要区别如表 3-3。

表 3-3 各种呼吸类型的比较

呼吸类型	酶系统	受氢体	基质分解度	释放能量
好氧呼吸	脱氢酶、氧化酶	O_2	彻底	多
发酵	脱氢酶	有机物	不彻底	少
无氧呼吸	脱氢酶、特殊氧化酶	无机氧化物	彻底	较多

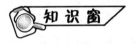

"鬼火"之迷

夏天的夜晚，在墓地里常发出绿幽幽的光，长期以来人们无法解释这种现象，将其称为"鬼火"。其实"鬼火"是微生物在无氧条件下分解尸体时，以尸体中的磷酸盐作为最终电子受体，产生一种可燃气体——磷化氢（PH_3）。夏天温度高时，达到磷化氢的着火点后便出现"鬼火"。事实上不管白天还是黑夜，都有磷化氢冒出，只不过白天日光很强，看不见"鬼火"罢了。

二、不同呼吸类型的微生物

1. 好氧性微生物 生活中需要氧，以有氧呼吸进行生物氧化的微生物称为好氧性微生物，也称好气性微生物。这类微生物在自然界中分布最广，种类与数量最多，大多数细菌、所有的放线菌和霉菌都属此类型。如农业上常用的白僵菌、苏云金杆菌、食用菌、赤霉菌等，培养时应供给充足的氧气。

2. 厌氧性微生物　生活中不需要氧，只能以发酵作用进行生物氧化的微生物称为厌氧性微生物，也称厌气性微生物。这类微生物体内缺乏分解过氧化氢的酶，在有氧条件下，体内形成的过氧化氢会有毒害作用。如产甲烷细菌、乳酸细菌、丁酸梭菌等都是该类型的，培养时应隔绝氧气。

3. 兼厌氧性微生物　在有氧条件下进行有氧呼吸，在无氧条件下进行发酵或无氧呼吸的微生物称为兼厌氧性微生物。这类微生物在有氧或无氧条件下都能生活。

兼厌氧性微生物有两种类型。一种类型是在有氧条件下进行有氧呼吸，在无氧条件下进行发酵。如酵母菌在有氧条件下进行有氧呼吸，将葡萄糖彻底氧化成终产物，快速繁殖出大量菌体；而在无氧条件下进行发酵，产生酒精。因此，生产上可根据生产目的来决定是否给这样的微生物提供氧气。

另一种类型是在有氧条件下进行有氧呼吸，在无氧条件下进行无氧呼吸。如反硝化细菌在有氧时进行有氧呼吸，在无氧条件下，以 NO_3^- 中的氧为受氢体，使硝酸盐还原成 N_2。土壤板结或长期积水都易使反硝化细菌进行无氧呼吸。

第三节　微生物的代谢产物

微生物吸收的营养物质通过代谢，有的被同化成菌体的组成部分或以储存物形式存积在细胞中；有的被转化利用后，排出体外，这都是微生物的代谢产物。由于微生物营养类型的多样化，因而代谢产物也十分丰富。微生物的代谢产物可分为初级代谢产物和次级代谢产物。

一、初级代谢产物

初级代谢是微生物将从外界吸收的各种营养物质，通过分解和合成代谢，产生维持生命活动的物质和能量的过程。初级代谢是普遍存在于各类微生物中的基本代谢类型。初级代谢产物是微生物生长必需的物质，包括糖、氨基酸、脂肪酸、核苷酸以及多糖、脂类、蛋白质、核酸等。初级代谢产物是机体生存不可缺少的物质，如果合成这些物质的某个环节发生障碍，轻则表现为生长缓慢，重则导致生长停止、微生物发生突变甚至死亡等。食品酿造中的酒类、味精、食醋和酸奶的生产，利用的就是微生物的初级代谢产物。

二、次级代谢产物

次级代谢是相对于初级代谢而言，是微生物在一定的生长时期，以初级代谢产物为前体，合成一些对微生物的生命活动无明确功能的物质的过程。这一过程的产物称为次级代谢产物。次级代谢产物大多是分子结构比较复杂的化合物，根据所起作用，可将其分为抗生素、生长刺激素、毒素、维生素及生物碱等类型。

1. 抗生素　抗生素是对其他种类微生物或细胞能产生抑制或致死作用的一大类有机化合物。抗生素对人类医疗保健事业的贡献无与伦比。抗生素不仅能治疗因微生物感染而引起的人、畜和植物疾病，而且还能抗肿瘤、防治害虫和杂草。自从 20 世纪 40 年代初，青霉素首先用于医疗，并获得良好效果以来，抗生素发展很快，目前发现的抗生素已有10 000多种，其中半数以上的抗生素是由放线菌产生的，其余是由真菌与细菌生产的。

2. 生长刺激素　生长刺激素是一类能刺激植物生长的生理活性物质，极少量的存在就有显著的生物效应。如赤霉素、细胞分裂素、吲哚乙酸和萘乙酸等。

赤霉素是赤霉菌产生的生理活性物质，是已知效能最高的植物生长刺激素。它能强化植物生长，持久反复开花，改变植物组织中酶的功能与活性，从而影响植物生长发育。目前已在农作物、水果、蔬菜及牧草上广泛应用。

微生物还能产生刺激家畜生长的动物激素，如玉米赤霉菌产生的玉米赤霉烯酮，可促进动物子宫生长，有类似雌性激素的作用。小剂量的玉米赤霉烯酮，即可促使牛、羊等牲畜快速生长。

3. 维生素　维生素是维持生命活动不可缺少的重要物质。人及动物无合成维生素的能力，而有些微生物合成维生素的能力较强，能在细胞内积累或分泌到细胞外。如某些芽孢杆菌、链霉菌和耐高温放线菌在培养过程中可以积累维生素 B_{12}，各种霉菌可不同程度地积累核黄素，某些醋酸细菌能过量合成维生素 C 等，酵母菌类细胞中除含有大量硫胺素、核黄素、尼克酰胺、泛酸、吡哆素以及维生素 B_{12} 外，还含有各种固醇，其中麦角固醇是维生素 D 的前体，经紫外光照射，即能转变成维生素 D。目前医药上应用的各种维生素主要是通过微生物合成后提取的。

4. 毒素　微生物产生的对人和动植物有毒害作用的次生代谢产物称为毒素。毒素大多是蛋白质类物质，根据毒素存在部位的不同，可分内毒素与外毒素两类，前者产生后处于胞壁上，仅在细胞解体后才释放到环境中；后者产生后能分泌至细胞外。

毒素大多具有抗热性，有的在 280℃ 下才被破坏。毒素对人类及饲养业的危害极大，如易在霉变玉米和花生上生长的黄曲霉毒素，食用后可引起中毒或死亡。1974年，印度有200个村庄因食用霉变玉米而暴发了黄曲霉毒素中毒性肝炎，导致397人发病，106人死亡。有些毒素只对昆虫有毒杀作用，如苏云金杆菌产生的伴胞晶体毒素，现已被制成微生物农药，用于农林害虫的防治。

5. 色素 色素是微生物在代谢中合成的，积累在胞内或分泌于胞外的各种颜色的次生代谢产物。例如放线菌和真菌产生的色素分泌于体外时，使菌落底面的培养基呈现紫、黄、绿、褐、黑等不同颜色。积累于体内的色素多在孢子、孢子梗或孢子器中，使菌落表面呈现各种颜色。红曲霉产生的红曲素，分泌体外使菌体呈现紫红色。

有的色素用于肉类制品、酒、豆腐乳和一些饮料的上色。如紫色红曲霉产生的红曲霉素，对pH变化稳定，耐光耐热性强，不受金属离子的影响，对蛋白质着色性好，对人体安全无害，是许多食品的着色剂。

6. 生物碱 某些霉菌可合成的生物碱，如麦角生物碱，主要用来防治产后出血、治疗交感神经过敏、周期性偏头痛和降低血压等症状。

次级代谢产物无论在数量上还是类型上都要比初级代谢产物多得多和复杂得多，目前对次级代谢产物的研究远远不及对初级代谢产物的研究那样深入，两者有明显的区别（表3-4）。

表3-4 初级代谢产物与次级代谢产物的比较

内 容	初级代谢产物	次级代谢产物
生长是否必需	是	否
产生阶段	一直产生	生长到一定阶段产生
种的特异性	否	是
分布	细胞内	细胞内或外
举例	氨基酸、核苷酸、多糖、脂类	抗生素、毒素、激素、色素

第四节 微生物的发酵

在人为条件控制下，可以通过微生物的代谢作用产生许多有用的初级代谢产物和次级代谢产物，以满足人们的需要。微生物发酵是在一定的生长条件下，利用微生物生产特定产品的过程。

一、微生物发酵的类型和发酵产品

（一）发酵类型

1. 根据发酵培养基的物理状态分

（1）固体发酵 固体发酵是指微生物在没有或几乎没有游离水的固态培养

基上的发酵过程。固体培养基含水量一般控制在 50％左右，食用菌、堆肥、青贮饲料、制酱等生产都是采用的固体发酵。固体发酵所用原料一般为经济易得、富含营养物质的工农业副产品，如麸皮、薯粉、大豆饼粉、玉米粉等。固体发酵工艺历史悠久，是传统发酵的主要方式。

（2）**液体发酵**　液体发酵是将菌种接到液体培养基中，使其发酵，所用的容器可小到瓶、坛、罐，大到水泥池和发酵罐。发酵工业上常采用液体深层好氧性发酵，发酵过程中需不断通气，并进行搅拌，使罐内微生物得到生长所需要的氧。抗生素、有机酸、氨基酸以及微生物农药等的生产，均采用这种发酵方法。它的优点是便于自动化控制，可以在较短时间内得到大量发酵产品，节约劳动力，降低劳动强度，但需复杂的设备。

2. 根据微生物的呼吸类型分

（1）**好氧发酵**　培养好氧微生物时，培养容器中需要通入一定量的氧气才能满足其生长。少量培养采用试管斜面或三角瓶摇床振荡培养，大型工业发酵以发酵罐为容器，配有空气供应系统和搅拌装置。现代发酵工业主要采取好氧发酵，如微生物农药、微生物肥料、抗生素的发酵。

（2）**厌氧发酵**　厌氧或兼性厌氧微生物生长时不需要氧气，需要在密闭的容器中进行发酵。如酒精发酵、沼气发酵等。

（二）发酵产品

按微生物发酵产品的主要类别，一般可分 3 类。

1. 微生物代谢产物　以微生物的各级代谢产物为发酵的主要产品，如抗生素、酒类、调味品、维生素、食用菌多糖等。

2. 微生物菌体　通过发酵获得具有某种用途的菌体，制成活菌或干菌制品进行应用。这是一种比较传统的发酵，如生产固氮菌肥、苏云金杆菌杀虫剂，培养食用菌、螺旋藻、医用菌苗等。

3. 微生物酶　微生物具有各种酶系统，将其培养后，可以将分泌到发酵液中的酶提取出来，制成酶制剂，或以固体发酵制成酶曲，以利用其分解比较复杂的有机物，并将分解产物作为生产其他物质的原料。目前工业生产的酶制剂已有 50 多种。

二、微生物发酵的一般工艺

微生物发酵的一般工艺为：原始菌种→斜面菌种培养→菌种扩大培养→发酵→产品处理→质量检验→成品。

（一）斜面菌种培养

斜面培养是将保藏的菌种移植到新斜面培养基上，使其活化的过程。这是生产微生物产品的第一步，其主要任务是为生产提供活性强、纯度高的优质菌种。

（二）菌种扩大培养

菌种扩大培养是将活化的斜面菌种扩大到三角瓶、曲盘或种子罐中，使其大量生长繁殖的过程。目的是在短时间内得到大量菌体，以满足生产对菌种的需求。有时为满足大规模生产，菌种需要经过逐步扩大培养。工业发酵中，种子扩大培养是在种子罐内进行的。

（三）发酵

发酵是将菌种移植到发酵罐、发酵池等大型容器中，使其产生各种发酵产品的过程。发酵的主要任务是要创造促使菌体大量生长繁殖与积累代谢产物的各种条件，获得高产优质的产品。

（四）产品处理

发酵结束后，应根据不同的发酵产品进行不同的处理，将其制成成品。若以活菌体为产品（如菌肥、微生物农药），采用固体发酵的，可将发酵料晾干，若以菌体成分为成品，可将其晒干或烘干；采用液体发酵的，可用过滤或离心法使菌体与发酵液分开，或将发酵液直接拌入吸附剂，制成菌粉。若产品是酶或代谢物，应根据其性质采用不同提取法（蒸馏、沉淀等）将其提取。若产品是食用菌，可直接采摘。处理后的各发酵产品还必须进行质量检查，符合要求时才能成为成品。

三、发酵工艺条件的控制

在发酵中，发酵条件是发酵成败的重要影响因素。因为发酵条件既能影响微生物生长，又能影响代谢物的生成。如在酵母菌的乙醇发酵中，若条件不同或改变培养基的组成，都可以使发酵过程变得无效或者使乙醇发酵转向甘油发酵，得不到所需要的乙醇产品。

（一）调控培养基的组成和各成分的比例

培养基的成分是微生物生长和形成发酵产物的物质基础。培养基的组成、各成分的比例应根据发酵的目的进行选调。培养基既要有适量速效碳源或氮源，以促进菌体生长，又要有充足的迟效碳源或氮源，以利于发酵产物的形成。从而也可避免速效碳源或氮源在体内产生分解代谢产物的阻遏。

在配制发酵培养基时，还应控制影响细胞膜透性的物质浓度，以利于代谢物的分泌，例如生长因子浓度的高低对谷氨酸发酵过程影响较大，当其浓度高时，会导致细胞膜透性降低，使谷氨酸在细胞内积累产生抑制作用，不利于谷氨酸的合成。

（二）控制发酵条件

各类微生物对发酵条件的要求不同，同一微生物在不同生长阶段的要求也不一样，而且发酵过程中，由于营养物的消耗和代谢物的积累都会使各种条件发生变化，应经常检查，随时调整，掌握生产时机。发酵过程中要协调好温度、湿度、通气，及时调整培养基的酸碱度，以充分提高微生物的发酵能力。生产中还要经常检查菌体生长情况、杂菌感染情况以及测定残糖量，了解发酵程度，当残糖量降至 0.5％时，表明发酵是彻底的，可以及时结束发酵。

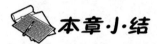 **本章·小结**

代谢是活细胞中各种生化反应的总称，微生物体内的代谢是由酶来推动。酶是具有催化作用的特殊蛋白质，各种酶广泛地应用到农业、工业、医疗等各个领域。

微生物通过生物氧化获取能量，根据氧化过程中最终受氢体的不同，分为发酵、有氧呼吸和无氧呼吸 3 种类型。微生物在生长过程中可产生各种初生和次生代谢产物，并广泛应用于生产。

微生物发酵是利用微生物生产特定产品的过程，发酵产品主要有微生物菌体、代谢产物和酶制剂 3 种类型。液体好氧发酵是现代发酵工业最主要的发酵方式，其一般工艺流程为原始菌种→斜面菌种培养→菌种扩大培养→发酵→产品处理→质量检验→成品。在发酵过程中要调控培养基成分和适当的配比，控制好温度、通气、酸碱度、湿度等环境条件。

 **复习思考题**

1. 什么是酶？酶有哪些特性？
2. 为什么说微生物是生产酶制剂的重要来源？
3. 微生物有哪些呼吸类型？划分的依据是什么？
4. 兼厌氧性微生物有哪两种？举例说明。
5. 什么叫次级代谢产物？抗生素、毒素、生长刺激素各有什么作用？
6. 初级代谢产物与次级代谢产物的区别是什么？
7. 斜面菌种培养、种子扩大培养和发酵三阶段的目的是什么？

第四章 微生物的生长与环境条件

学习目标

1. 掌握微生物纯培养技术和生长的测定方法。
2. 掌握常用的灭菌消毒技术。
3. 掌握微生物群体生长规律及其应用。
4. 理解影响微生物生长的环境条件。

生长与繁殖是生物体生命活动的两个重要特征，微生物也不例外。在适宜的环境中，微生物吸收利用营养物质，转化为细胞成分，使个体细胞质量增加和体积增大，称为生长。微生物生长到一定阶段，通过细胞分裂，导致微生物细胞数目的增加，称为繁殖。微生物没有生长，就难以繁殖；没有繁殖，细胞也不可能无休止地生长。因此，生长与繁殖是微生物个体生命延续中交替进行和紧密联系的两个重要阶段。

微生物的生长和繁殖与其所处环境之间存在着密切关系。微生物的生长和生理活动是对它们所处环境条件的一种反应。适宜的环境条件是微生物旺盛生长的保证。深入了解环境对微生物的影响，可以大大增强人类对有益微生物的利用和对有害微生物的控制能力。

第一节 微生物生长的测定

在微生物实验及生产中，要及时了解微生物的生长情况，就需用各种方法进行定期测定。通常是直接或间接测定群体的增长量，如直接测定菌体数量，间接测定细胞物质的重量或细胞生理活性等。

一、测定单细胞微生物数量

（一）总菌数测定法

1. 计数板测定法 计数板测定法是将一定稀释度的菌悬液或孢子液置于计数板上，在显微镜下直接计数的方法。计数板是一种特别的，具有确定面积和容积的载玻片，常用的计数板有血细胞计数板、Peteroff‐Hhauser 计数板以及 Hawksley 计数板，其结构和原理相同。只是盖上盖玻片后，血细胞计数器中盖玻片和载玻片之间的距离为 0.1mm，用于酵母菌、真菌孢子、血细胞等较大细胞的观察和计数，后两种计数器盖玻片和载玻片之间的距离仅有 0.02mm，用于油镜对细菌较小细胞的观察和计数。该方法的优点是直观、快速，操作简单，但此法所测得的菌数是死活菌体的总数。其具体操作详见实验实训六。

2. 比浊法 含菌液体由于菌体细胞对光消散作用而呈混浊，菌体细胞越多，混浊度就越高。浊度可用比色计或分光光度仪测定，以光吸收值表示。在一定范围内，菌悬液细胞数目与光吸收值成正比。测定时首先用计数板或平板计数法制作标准曲线，然后测定样品吸光度，对照标准曲线进行换算。该法具有简便快速，不干扰或不破坏样品等优点，但菌液颜色太深或混有其他物质都会影响测定结果。

（二）活菌数测定法

1. 平板菌落计数法 每一个分散的活细胞在适宜的培养条件均可通过生长形成菌落，因此，菌落数就是待测样品所含的活菌数。微生物待测液经 10 倍系列稀释后，将一定浓度的稀释液定量地接种到平板培养基上培养，长出的菌落数就是稀释液中含有的活细胞数，可以计算出供测样品中的活细胞数。但平板上的单个菌落可能并不是由一个菌体细胞形成的，因此在表达单位样品含菌数时，可用单位样品中形成菌落单位来表示，即 CFU/ml 或 CFU/g（CFU 即 colony‐forming unit）。

此法常用于测定生物产品、医药制品的质量检定及食品、水质的卫生检定。但操作比较繁琐，技术要求高，误差较大。

2. 液体稀释测定法 是一种统计的方法。原理是菌液经多次稀释后，菌数可随之减少直至没有。可从最后有菌生长的几个稀释度的 3～5 次重复中求最大概率数。所以又称为最大或然数（MPN）法。

一般是对未知菌液作连续 10 倍的系列稀释，根据估计，从最适宜的 3 个连续的 10 倍稀释液中各吸取 5ml 试样，接种到 3 组共 15 支装有培养液的试管中（每管接入菌液 1ml），经培养后，记录每个稀释度出现生长的试管数，然后查 MPN 表，再根据样品的稀释倍数就可算出其中的活菌数，得到的结果是近似值或最大或然数。这是国内外食品卫生中检验大肠杆菌群普遍采用的一种方法。

3. 膜过滤计数法 由于水与空气中的活菌数量低，则可先将待测样品（一定体积的水或空气）通过微孔薄膜（如硝化纤维薄膜）过滤浓缩，然后把滤膜放在适当的固体培养基上培养，长出菌落后即可计数。

二、测定微生物生长量和生理指标

（一）干重法

此法是将一定体积的样品通过离心或过滤将菌体分离出来，洗净称重，即为湿重。若将湿重样品于105℃烘干至恒重，即为干重。一般细菌干重为湿重的20％～25％。此法直接而又可靠，但要求被测菌体浓度较高，样品中不含其他干物质。

（二）蛋白质含量测定法

细胞中蛋白质含量是比较稳定的，蛋白质含量可反映微生物的生长量。一般蛋白质中含氮量约为16％。而总氮量与细胞蛋白质总含量的关系为：

$$蛋白质总量＝含氮量百分比×6.25$$

此法适用于菌数较高的样品，而且操作过程较烦琐。

（三）其他生理指标测定法

生理指标包括微生物的呼吸强度、耗氧量、酶活性、生物热等。这类测定方法主要用于科学研究，分析微生物生理活性等。

测定微生物生长量的方法很多，无论哪一种测定方法，都有其优缺点和使用范围，应合理选用。

第二节 微生物的生长规律

微生物生长表现在微生物的个体生长与群体生长两个水平上。单细胞微生物的个体生长表现为细胞基本成分的协调合成和细胞体积的增加，细胞生长到一定时期，就分裂成两个子细胞。而多细胞微生物的个体生长则反映在个体的细胞数目和每个细胞内物质含量两个方面的增加。

由于微生物的形体微小，个体质量和体积的变化不易观察，一般通过群体生长的情况来反映个体生长的变化，以微生物细胞的数量或细胞物质量的增加来衡量微生物的生长。微生物的群体生长是有规律变化的，掌握群体生长规律对生产实践具有重要意义。

一、无分支单细胞微生物的群体生长规律

无分支单细胞主要包括细菌和酵母菌，其群体生长是以群体中微生物细胞

数量的增加来表示的。

（一）生长曲线

将一定数量的单细胞微生物接种到一恒定容积的液体培养基中，在适宜条件下培养，定时取样测定菌数，以培养时间为横坐标，以细菌数目的对数或生长速率为纵坐标，可以得到一条描述液体培养基中微生物群体生长规律的曲线，称为生长曲线（图 4 - 1）。典型的生长曲线可分为延滞期、对数期、稳定期和衰亡期 4 个时期。

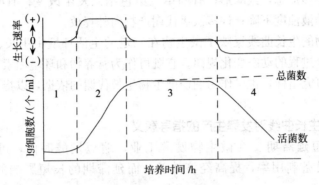

图 4 - 1　无分支单细胞微生物的典型生长曲线
1. 延滞期　2. 对数期　3. 稳定期　4. 衰亡期

1. 延滞期　又叫迟缓期、适应期。当菌体被接入液体培养基后，一般不立即繁殖的时期为滞迟期。由于菌体被接种到新环境，需要一段时间以适应新的生活环境，此期菌体体积增长较快，但菌体数量并未增加。该时期的特点是：生长速率近于零，菌数几乎不变；细胞体积增大，代谢活跃，DNA 与 RNA 含量也提高，各种诱导酶的合成量增加；对外界不良环境敏感，易被杀死或引起变异。

延滞期时间的长短与菌种特性、菌龄、接种量和培养条件有关，可从几分钟到几小时、几天，甚至几个月。在此期的后阶段，菌体细胞逐步进入生理活跃期，少数菌体开始分裂，曲线稍有上升。

2. 对数期　又称指数期。经过延滞期的调整后，菌体以几何级数增长，曲线几乎呈直线上升。此时期的特点是：菌体生长的代时最短，生长速率最大；酶系活跃，代谢活性最强，营养物消耗最快；菌体的大小、形态、生理特征也较一致。

3. 稳定期　又叫最高生长期。细胞的对数生长不会是无限期的，由于培养液中的营养物质被大量消耗，酸、醇、过氧化氢和毒素等有害代谢产物大量产生并积累，改变了生活环境，阻碍了菌体正常生长。此时期的特点是：新繁殖的菌数与死亡的菌数几乎相等，生长速率趋于零，曲线停止上升；活菌数保持相对稳定，总菌数达最高水平；菌体大小典型，生化反应相对稳定；细胞内开始积累代谢产物；多数芽孢菌开始形成芽孢。

4. 衰亡期　稳定期后继续培养，由于营养物质的耗尽，生长条件进一步恶化，导致菌体死亡率逐渐增加，活细胞逐渐减少，曲线下降。此期的特点是：死亡菌数逐渐超过新生菌数，群体中活菌数下降；菌体细胞形状和大小出现异常，呈多形态，或畸形；有的革兰染色结果发生改变；有些细胞开始自溶，使培养液浊度下降；许多次级代谢产物向外释放。

微生物的生长曲线反映了微生物在一定的生活环境中生长、分裂直至衰老、死亡全过程的动态变化规律。它既可作为营养物和环境因素对生长繁殖影响的理论研究指标，也可作为调控微生物生长代谢的依据，以指导微生物生产实践。

（二）生长曲线对发酵生产的指导意义

1. 缩短延滞期　在微生物发酵工业，缩短发酵时间，可降低生产成本，提高设备利用率，提高经济效益。而延滞期的长短影响的发酵周期的长短。

在发酵生产中，通常采用处于快速生长繁殖阶段的健壮细胞接种、适当增加接种量、采用营养丰富的培养基、种子培养基和发酵培养基成分相近以及培养的其他理化条件尽可能保持一致等措施，来有效地缩短延滞期，提高生产效率。

2. 把握对数期　在发酵生产中，常用对数期的菌体作为种子，以缩短延滞期，也是研究微生物生物学基本特性的极好材料。适当补充营养物，排除不利因素，延长对数期，提高培养液中菌体浓度，为获得高产量的菌体或代谢产物奠定基础。

3. 延长稳定期　稳定期活菌数达到最高水平，代谢产物大量形成，是收获菌体和代谢产物的最佳时期。菌体或初级代谢产物可在稳定末期收获，而抗生素、维生素等次级代谢产物与微生物细胞的生长过程不同步，它们形成高峰往往在稳定期的后期或在衰亡期，收获时间宜适当推迟。

稳定期的长短与菌种、发酵条件有关。生产上常通过补料、调节 pH、调整温度等措施，延长稳定期，以获得大量的菌体，积累更多的代谢产物。

4. 监控衰亡期　微生物在衰亡期，细胞活力明显下降，产生代谢产物的能力降低，同时逐渐积累的代谢毒物可能会与代谢产物起某种反应或影响提纯。因此必须掌握时间，在适当时候结束发酵。

二、丝状微生物的群体生长

丝状微生物包括放线菌和丝状真菌，都是以菌丝进行生长的，很难以细胞数目的增加来表示菌丝体的生长，常以菌丝体积和重量的增加来衡量其生长。

丝状微生物的群体生长与无分支单细胞微生物的生长规律基本相似，但无明显的对数生长期。在工业发酵过程中，一般经过3个阶段：生长停滞期，孢子萌发或菌丝长出芽体；迅速生长期，菌丝出现分支，快速生长，形成菌丝体；衰亡期，菌丝生长速度下降，出现空泡及自溶现象。

第三节 微生物的培养

一、微生物的纯培养技术

微生物在自然界中不仅分布广，而且都是混杂地生活在一起。要研究或利用某一微生物，必须把它与其他微生物分离开，得到只含一种微生物的培养物。在实验室条件下，由一个细胞或同种细胞群繁殖得到的后代称为纯培养。纯培养技术是进行微生物学研究和生产的基础，获得微生物纯培养的方法有：

（一）稀释分离法

稀释分离法将待分离的样品进行一系列的稀释，使微生物细胞或孢子尽量呈分散状态，然后吸取一定稀释度菌悬液与选择性培养基混合或涂布在培养基表面，在适宜的条件下培养，让其长成单菌落（图4-2）。

1. 混菌法 吸取不同稀释度的菌悬液少许加入到无菌培养皿中，然后倾入已熔化并冷却至50℃左右的琼脂培养基，摇匀混合，待琼脂凝固后，置适温下培养至出现单菌落。

2. 涂布法 将已熔化的培养基倒入无菌平皿中，冷却凝固后，制成无菌平板，再将某一稀释度的菌悬液滴加入平板表面，用无菌玻璃涂棒将菌液均匀分散至整个平板表面，然后置于适温下培养。

将经上述方法培养后，依据菌落特征或其他特性指标，挑取典型的单菌落转接到斜面上就成为纯种。有时这种单菌落并非都由单个细胞繁殖而来的，故必须反复分离多次才可得到纯种。

（二）划线分离法

用接种环蘸取少许待分离的材料，在平板培养基表面进行连续划平行线、扇形线或其他形状线，随着划线次数的增加菌体数量减少，并逐步分散开来，经培养后，在最后的划线区域中可见单菌落（图4-3）。重复以上操作数次，便可得到纯菌落。

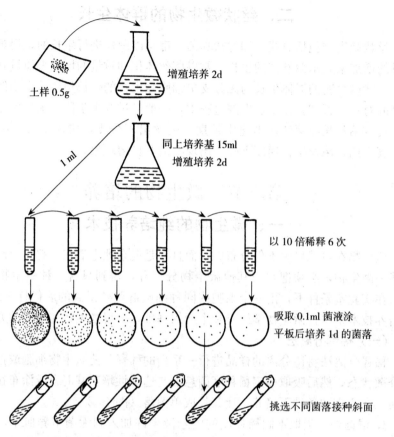

图 4-2　稀释分离法

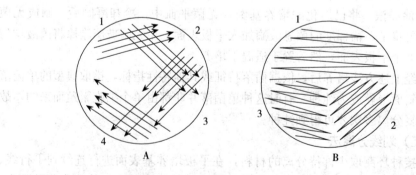

图 4-3　平板划线分离法
A. 交叉划线　B. 连续划线
1. 第一次划线区　2. 第二次划线区　3. 第三次划线区　4. 第四次划线区

（三）单细胞挑取法

单细胞挑取法是利用显微挑取器，从混杂的菌液中直接分离单个细胞进行培养以获得纯培养。其方法是把一滴菌液置于无菌载玻片上，用显微挑取器上的极细毛细管挑取一个菌体，将其接种培养，或者将适当稀释后的样品制备成小液滴在显微镜下观察，选取只含一个细胞的液滴来进行纯培养物的分离，即得到纯培养的微生物。

二、微生物的培养

（一）固体培养与液体培养

1. 固体培养　用固体培养基培养微生物的方法。如试管斜面、琼脂平板培养、保藏各种微生物，麸皮、米糠、棉子壳等天然固体培养基培养霉菌、食用菌等。该方法技术简单，对设备要求低，是传统发酵工业的主要培养方法。

2. 液体培养　用液体培养基培养微生物的方法。如试管液体培养、摇瓶培养和发酵罐培养等。对于好氧微生物要注意保证氧气的供应。该法适于大规模工厂化生产，是现代发酵工业的主要培养方法。

（二）分批培养与连续培养

1. 分批培养　在一个独立密闭的系统中，一次性投入培养基对微生物进行接种培养，最后一次性收获的方式称为分批培养。分批培养过程中，培养基一次加入，随着微生物的生长，菌体数目和代谢产物不断增加，而营养物质被逐渐消耗，代谢毒物不断积累，必然会使微生物的生长速率下降并最终停止生长。

2. 连续培养　在一个恒定容积的流动系统中培养微生物，一方面以一定的速率不断加入新的培养基，另一方面又以相同的速率流出菌体或代谢产物，保持培养系统中的细胞数量和营养状态恒定，从而使微生物连续生长的方法，称为连续培养。连续培养不仅对微生物的研究工作提供一定生理状态的实验材料，而且可提高发酵工业的生产效益和自动化水平，是当前发酵工业的发展方向。但连续发酵中的杂菌污染、菌种退化等问题还有待于解决。

连续培养有恒浊法和恒化法两种类型，其区别是控制培养基流入培养容器中的方式不同。

（1）**恒浊法**　根据培养器中微生物细胞的密度，用浊度计来控制新鲜培养液的流入速度，同时又使培养液以基本恒定的流速流出，以取得菌体密度高，生长速度恒定的一种连续培养方式。用于恒浊培养的培养装置称为恒浊器。当培养液的流速低于微生物生长速度时，菌体密度增高，通过浊度计的调节，可促使培养液流速加快；当浊度低于指标时，流速减慢，浊度增加，从而达到恒密度的目的。

在恒浊培养中，培养液无限制因子，不断调节流速，使培养液能以较高的速率生长，保持恒定浊度。目前在发酵工业上，有多种微生物菌体都是用大型恒浊发酵器进行连续发酵生产，用于收获菌体及与菌体相平行的产物。

（2）恒化法　是通过控制培养液中生长限制因子的浓度，来控制微生物生长繁殖与代谢速度的连续培养方式。用于恒化培养的装置称为恒化器。培养基成分中，必须将某种必需的营养物控制在较低的浓度，以作为生长限制因子，如氨基酸、葡萄糖、生长因子、无机盐等。而其他营养物可过量。恒化培养往往控制微生物在低于最高生长速率的条件下生长繁殖。

恒化培养主要用于实验室科学研究中，尤其用于与生长速率相关的各种理论研究。由于在自然界中，微生物一般处于营养物质低浓度下，生长比较慢，恒化培养与之有类似之处。恒化培养在研究自然条件下微生物生态体系的模拟实验是很有价值的。

第四节　微生物生长的环境条件

微生物的生长是微生物与外界环境相互作用的结果，环境条件影响微生物的生长繁殖，微生物的生长又反过来影响环境。在一定的限度内改变环境条件，可使微生物的形态、生理、生长、繁殖等特征引起改变；当环境条件的变化超过一定极限，则会导致微生物的死亡。通过控制环境条件，促进有益微生物的生长，而抑制或杀死有害微生物。

不同种类的微生物，对环境条件要求不同，即使是同一微生物，在不同生长阶段的要求也不一样。

一、温　　度

温度是影响微生物生长的重要环境因素。但各种微生物都有其生长繁殖的最低生长温度、最适生长温度、最高生长温度范围。最低生长温度是指微生物能进行生长繁殖的最低温度界限。最适生长温度是使微生物以最大生长速率繁殖的温度。最高生长温度是指微生物生长繁殖的最高温度界限。如果低于最低生长温度或高于最高生长温度，菌体停止生长或死亡。

根据微生物的最适生长温度不同，通常把微生物分为低温型、中温型和高温型三大类（表4-1）。

表 4 - 1 各类微生物生长的温度范围及分布

微生物类型		生长温度范围（℃）			分布主要场所
		最低	最适	最高	
低温型	专性嗜冷	0 以下	15	20	两极地区
	兼性嗜冷	0	20～30	35	深水、冷藏物中
中温型	室温型	10～20	25～30	40～45	大多数环境中
	体温型		35～40		恒温动物体
高温型	嗜热	45	45～65	80	堆肥、温泉、土壤表层
	超嗜热	65	80～90	100 以上	热泉、火山喷气口

低温型微生物常存在于寒带冻土、海洋、冷泉、冷水河流、湖泊以及冷藏仓库中，包括水体中的发光细菌、铁细菌及一些常见的微生物。冷藏食物的腐败往往是这类微生物引起的，它们对水体中有机质的分解也起重要作用。

绝大多数微生物属于中温型微生物，分为室温型和体温型。大多数的土壤微生物和植物病原菌属于室温型，在分解有机质，推动自然界物质循环中起重要作用。体温型微生物主要是人和动物体的病原菌。

在温泉、堆肥、厩肥和土壤都有高温型微生物存在，它们参与堆肥、厩肥高温阶段的有机质分解过程。芽孢杆菌和放线菌中多属此类。

微生物在最适温度范围内，随温度逐渐提高，代谢活动加强，生长繁殖速度加快。低于最适生长温度范围，代谢缓慢，甚至停止生长，但并不死亡，所以常用低温保藏菌种和食品。高于最适生长温度时，蛋白质凝固，酶失活，菌体死亡，所以常用加热法来灭菌。一般来说，细菌芽孢和真菌的一些孢子和休眠体，比它们的营养细胞的抗热性强；老龄菌比幼龄菌抗热性强；含蛋白质多的培养基也可增强菌体的抗热性。

二、水　分

水分对微生物的正常生长是必不可少的要素。水是生命的介质，没有水就没有生命。在干燥条件下，微生物会因失水而引起代谢活动的停止或死亡，所以常在干燥条件下保藏谷物、纺织品、食品和菌种等。不同微生物抗干旱能力不同，芽孢或霉菌的孢子抗干旱能力强，可存活几年或几十年。

培养微生物时，不仅要求培养基有足够的水分，还应提供适宜的空气湿度。如在食用菌生产中，出菇阶段的湿度要保持在 80%～90%；酿造业中，曲房要求接近饱和空气湿度，才能保证霉菌旺盛生长。

培养基的渗透压对微生物的生长繁殖也有很多影响。在等渗溶液中，如

0.85％氯化钠溶液，微生物细胞可正常生长；当菌体处于低渗溶液中时，水分渗入细胞，细胞则因吸水膨胀而破裂死亡；当菌体处于高渗溶液中时，细胞因失水造成生理干燥，而引起质壁分离。盐渍菜和蜜饯就是应用此原理来保藏的。

三、氧　气

不同类群的微生物对氧的要求不同，根据微生物对氧的不同需求与影响，把微生物分成以下几类：

1. 专性好氧菌　这类微生物只能在较高浓度分子氧的条件下才能生长，具有完整的呼吸链，以分子氧作为最终电子受体。细胞内存在着超氧化物歧化酶和过氧化氢酶。大多数细菌、放线菌和真菌是专性好氧菌，如固氮菌属、醋杆菌属、铜绿假单胞菌等。

2. 兼性厌氧菌　也称兼性好氧菌，可在有氧或无氧的环境中生长。一般在有氧条件下，靠有氧呼吸产能；在厌氧条件下，通过发酵或无氧呼吸产能。细胞内含有超氧化物歧化酶和过氧化氢酶。如地衣芽孢杆菌、酿酒酵母、大肠杆菌、产气肠杆菌等。

3. 微好氧菌　只在低的氧分压（$0.01\sim0.03Pa$）下才能生长。它们通过呼吸链，以氧为最终电子受体。细胞中有超氧化物歧化酶和过氧化氢酶。如氢单胞菌属、霍乱弧菌、发酵单胞菌属、弯曲菌属等。

4. 耐氧菌　生长过程中不需要氧，但可在有氧条件下进行发酵，分子氧对菌体无害。微生物细胞中只具有超氧化物歧化酶，而不具有过氧化氢酶，不具有呼吸链，只通过发酵经底物水平磷酸化获得能量。如乳酸乳杆菌、乳链球菌、肠膜明串珠菌和粪肠球菌等。

5. 厌氧菌　分子氧对这类微生物有毒，导致其死亡。因此，只能在无氧条件下生长，细胞内无超氧化物歧化酶和过氧化氢酶。常见的厌氧菌有梭菌、产甲烷菌等。

培养好氧微生物的试管和瓶口塞有棉塞，用浅盘进行固体发酵，通过搅拌进行深层液体发酵，这些方法都是为了满足好氧微生物对氧的要求。培养厌氧微生物时应隔绝空气，如真空培养，加入焦性没食子酸去氧或液体静止培养。

四、酸　碱　度

酸碱度会影响菌体细胞膜电荷的变化和营养物质的可给性，从而影响微生物对营养物质吸收、酶的活性以及代谢产物的形成。

自然界中从 pH1～11 都有微生物生活，但只有少数种类能在 pH2 以下和

pH10 以上生长。多数种类生长在 pH4～9 的环境中，一般而言，每种都有一定的 pH 范围和最适 pH（表 4-2）。大多数细菌、藻类、原生动物的最适宜 pH 为 6.5～7.0，放线菌以微碱性 pH7.0～8.0 最适宜，多数真菌适于 5.0～6.0 的酸性环境。

表 4-2　部分微生物的生长 pH 范围

微生物	最低 pH	最适 pH	最高 pH
亚硝酸细菌	7.0	7.8～8.6	9.4
圆褐固氮菌	4.5	7.4～7.6	9.0
大肠杆菌	4.3	6.0～8.0	9.5
大豆根瘤菌	4.2	6.8～7.0	11.0
嗜酸乳酸杆菌	4.0～4.6	5.8～6.6	6.8
氧化硫杆菌	0.5	2.0～3.0	6.0
放线菌	5.0	7.0～8.0	10.0
酵母菌	2.5	4.0～5.8	8.0
黑曲霉	1.5	3.8～6.0	7.0～11.0

微生物生长时，其代谢作用会改变基质 pH。如微生物分解葡萄糖产生酸，使 pH 下降；微生物在分解蛋白质时产氨，使 pH 上升。为了维持微生物生长环境中的 pH 稳定，在配制培养基时，不仅要注意调节培养基的 pH，以适合微生物生长的需要，还应加入磷酸盐、碳酸盐等缓冲物质，以免培养基的 pH 发生较大改变。

某些微生物生长繁殖的最适生长 pH 与其合成代谢产物的 pH 不一致。如丙酮丁醇梭菌生长繁殖的最适 pH 是 5.5～7.0，而大量合成丙酮丁醇的最适 pH 却为 4.3～5.3。另外 pH 的变化常常可以改变微生物的代谢途径，如黑曲霉在 pH2～3 的环境中分解蔗糖，产物以柠檬酸为主，只有极少量草酸；当 pH 接近中性时，则主要产生草酸，柠檬酸产量很低。

五、光与射线

照射于地面的太阳光主要有长光波的红外线、短光波的紫外线和介于两者之间的可见光。波长越短，杀菌力越强，紫外线对微生物有直接杀伤作用。红外线对微生物的作用不大，主要是照射后产生热，有间接影响生长的作用。

可见光是光能型微生物的能量来源。在非光能微生物中，有的不需可见光，终生生长在黑暗条件下；有的表现出趋光性或在一定生长阶段需要一定的散光刺激。如闪光须霉的菌丝的见光部位比背光部位生长的快而旺盛。灵芝、香菇等担子菌在子实体生长阶段需大量散射光，光照不足会引起畸形并严重影响品质。

χ射线和γ射线主要是由放射性物质产生的高能电磁波，有很强的穿透力，比紫外线有更强的杀伤力。这些射线照射物质后，使该物质发生电离。一般低剂量的照射，可促进微生物的生长或有利其变异，高剂量处理有杀菌作用，对人的危害也较大。用辐射保存粮食、果蔬、畜产品及饮料，不仅能防腐，而且能保持原有的营养和风味。

各种环境条件在最适范围内是微生物生长的良好因素，若超出最高或最低生长范围，就对微生物有抑制或杀死作用。实际应用时应根据不同目的合理调控各种环境条件。

第五节　消毒与灭菌

微生物分布极广，自然状态下的物品、土壤、空气和水中都含有各种微生物，在微生物实验、科研及生产中，需要进行微生物纯培养，不能有任何外来杂菌。因此，需要对所用的物品、培养基、空气等进行消毒或灭菌处理，以消除有害微生物的干扰。消毒与灭菌是从事微生物工作的一项重要基本技术。

一、基本概念

1. 灭菌　在一定范围内，采用强烈的理化因素杀死物体表面及内部所有微生物的方法称为灭菌。这是一种彻底的杀菌方法，如高温灭菌，经过灭菌的物品称"无菌物品"，如培养基、接种器械、手术器械等都要求无菌。灭菌分为杀菌和溶菌，杀菌指菌体失活，但菌形尚存；溶菌指菌体死亡后发生溶解、消失的现象（图4-4）。

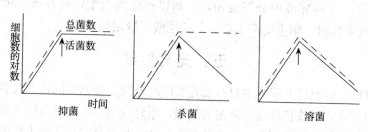

图4-4　抑菌、杀菌及溶菌的比较

2. 消毒　采用较温和的理化因素，杀死物体表面或内部部分微生物，而对被消毒物品基本无害的方法称为消毒。消毒是一种非彻底的杀菌方法，消毒后的物品和环境中还存在部分活的微生物。如用一些药剂对皮肤、水果、饮用水的处理；用巴氏灭菌法对牛奶、果汁、啤酒、酱油等进行处理。

3. 防腐　利用理化因素抑制微生物生长繁殖的方法称为防腐。这是一种抑菌作用，使微生物暂时处于不生长、不繁殖，但又未死亡的状态。如低温、干燥、盐渍、糖渍、加入防腐剂等措施防止食品腐败和其他物质霉变。

4. 除菌　利用过滤、离心、静电吸附等机械手段除去液体或气体中微生物的方法称为除菌。

5. 化疗　利用具有选择毒性的化学物质对生物体内部被微生物感染的组织或病变细胞进行治疗，以杀死组织内病原微生物或病变组织，但对机体本身无毒性或毒性很小的治疗措施。

消毒灭菌主要采取物理或化学因素，各种理化因子究竟起到灭菌、消毒、防腐中的哪种效果，主要取决于理化因子的强度或浓度、作用时间、微生物的敏感性、菌龄等综合因素。无论采用哪一种灭菌消毒方法，必须达到既要杀灭物品中的微生物，又不破坏其固有性质的目的。

二、物理消毒灭菌方法

（一）高温灭菌

微生物对高温比较敏感，利用热来达到灭菌和消毒的目的。其杀菌原理是高温能使菌体蛋白质变性、酶失去活性，核酸结构遭到破坏，从而导致菌体死亡。热力灭菌是应用最早、效果最可靠和使用最广泛的一种灭菌方法。常用的热力灭菌方法有干热灭菌法和湿热灭菌法。

1. 干热灭菌法

（1）火焰灭菌法　火焰灭菌是用火焰直接焚毁微生物菌体的方法。该法操作简便，灭菌迅速彻底。如使用酒精灯的火焰灼烧各种接种工具、培养容器口部，焚烧带病原菌的材料、动物尸体等。

（2）干热灭菌法　干热灭菌是利用干燥箱中的热空气进行灭菌的方法。通常160～170℃处理1～2h便可达到灭菌的效果。如果被处理物品传热性差、体积较大或堆积过挤时，需适当延长时间。此法适用于培养皿、三角瓶、吸管、烧杯、金属用具等耐热物品的灭菌，优点是可使灭菌物品保持干燥。

2. 湿热灭菌法　湿热灭菌是一种用煮沸或饱和热蒸汽杀死微生物的方法。在相同的温度下，湿热灭菌效果优于干热灭菌效果。这是因为：①蛋白质凝固温度与其含水量成反比，即在湿热条件下蛋白质更易凝固（表4-3）；②热蒸汽的传导快、穿透力强，可使灭菌物品内部温度快速上升；③蒸汽存在潜热，由气态变为液态会放出大量热能，迅速提高灭菌物品的温度。

表4-3　菌体蛋白质的凝固温度与其含水量的关系

蛋白质含水量（%）	50	25	18	6
蛋白质凝固温度（℃）	56	74~80	80~90	145

在湿热温度下，多数细菌和真菌的营养细胞在60℃左右处理5~10min后即可杀死，酵母菌细胞和真菌的孢子耐热些，要在80℃才被杀死，而细菌的芽孢更耐热，一般要在120℃下处理15min以上才被杀死。常用的湿热灭菌方法有：

（1）高压蒸汽灭菌法　高压蒸汽灭菌是在密闭的高压蒸汽灭菌锅内进行的。其原理是水的沸点随压力的增加而升高，提高高压锅内蒸汽的压力，从而获得温度高于100℃的水蒸气。这是一种应用最广，效率最高的灭菌方法，适用于各种耐热物品的灭菌，如培养基、生理盐水、各种缓冲液、玻璃器皿、金属用具、工作服等。

灭菌所需的温度和时间取决于被灭菌物品的性质、体积与容器类型等。一般含琼脂的固体培养基和液体培养基只需在0.104MPa压力下（温度121℃）灭菌15~30min。但对固体曲料、土壤、食用菌固体培养基等体积大、热传导性差的物品，则需在0.15MPa压力下（温度128℃）灭菌1~2h。

高压蒸汽灭菌时，锅内冷空气的排除是灭菌成功的关键。高压锅内空气排出程度与温度关系见表4-4。这是因为空气的热膨胀系数大，若锅内留有空气，当灭菌锅密闭加热时，空气受热很快膨胀，压力上升，造成压力表虽然已指到要求压力，但锅内蒸汽温度低于饱和蒸汽温度。因此，灭压时必须将锅内的冷空气完全排出，才能达到完全灭菌的目的，否则造成灭菌不彻底。

表4-4　高压锅内空气排出程度与温度的关系

压力（MPa）	灭菌锅内蒸汽温度（℃）				
	空气完全未排除	空气排出1/3	空气排出1/2	空气排出2/3	空气完全排出
0.035	72	90	94	100	109
0.070	90	100	105	109	115
0.105	100	109	112	115	121
0.141	109	115	118	121	126
0.176	115	121	124	126	130
0.210	121	126	128	128	135

（2）间歇灭菌法　是用蒸汽反复多次处理的灭菌方法。一般只用于不耐热的药品、营养物和特殊培养基（糖类培养基、含硫培养基）等的灭菌。方法是：将待灭菌物品在100℃蒸煮30~60min，以杀死其中所有微生物的营养细

胞，冷却后置于室温或 37℃ 下保温过夜，诱使其中残存的芽孢萌发成营养细胞，第二天再以同样方法蒸煮和保温过夜，如此连续反复 3 次，即可在较低的灭菌温度下达到彻底灭菌的效果。

（3）巴氏消毒法　巴氏消毒是一种低温消毒法，主要用于牛奶、啤酒、果汁、酱油等不宜进行高温灭菌的液体物质的消毒，此法可杀灭物料中的无芽孢病原菌（如牛奶中的结核分支杆菌或沙门菌），而又不影响其营养和原有风味。巴氏消毒的温度变化很大，一般在 60～85℃ 处理 30min 至 15s，如对牛奶消毒可在 63℃ 处理 30min（低温维持法），或在 72℃ 则处理 15s（高温瞬时法）。

（4）蒸汽持续灭菌法　将待灭菌物品置于密封的蒸仓内，以自然压力的蒸汽进行灭菌的方法。该法主要用于食用菌菌种制备或微生物制品的土法生产，灭菌时待锅内温度达到 100℃，持续加热 6～8h，杀死全部的营养体和绝大多数芽孢。

（5）煮沸消毒法　煮沸消毒是将待灭菌物品放在水中煮沸 15～20min，可杀死所有微生物的营养体和部分芽孢。一般用于接种工具、注射器、解剖工具器材的消毒。在煮沸时加入 2% 碳酸氢钠或 2% 石炭酸可增强灭菌效果。

（二）紫外线灭菌

紫外线是一种短光波，具有较强的杀菌力。其杀菌原理是能使微生物体内 DNA 链上形成胸腺嘧啶二聚体，干扰 DNA 的复制，导致菌体死亡。紫外线还可在空气中形成臭氧，起杀菌作用。

紫外线的杀菌效果与波长、照度、照射时间、受照距离有关。紫外线的杀菌波长为 200～300nm，尤以 265～266nm 波长的杀菌力最强。30W 的紫外线灯管有效作用距离为 1.5～2m，以 1.2m 以内最好。连续照射 2h 几乎可杀死空间及照射表面的所有微生物。紫外线属低能量的电磁辐射，其穿透力弱，一层普通玻璃、水或纸，都能滤去大量的紫外线，因此紫外线只适于空气和物体表面的灭菌。在一般实验室、接种箱、接种室、手术室内安装紫外线灯管，每次开灯照射 30min 即可。

经紫外线照射后的微生物立即暴露于可见光下，部分微生物又会复活，其死亡率明显降低，此现象称为光复活。为防止光复活作用，采用紫外线灭菌的场地应保持黑暗，白天应遮光，以提高杀菌效果。另外，紫外线对人体有伤害作用，应避免在开启紫外线灯的情况下工作。

（三）过滤除菌

过滤除菌是利用机械阻留的方法除去介质中微生物的方法。常用于空气过滤和一些不耐高温液体营养物质（如血清、抗毒素、抗生素和维生素等）的过滤。空气过滤采用超细玻璃纤维组成的高效过滤器，通过压缩空气，滤除空气中的微生物，使出风口获得所需的无菌空气，如超净工作台、发酵罐空气过滤、空气净化器等。另外试管和菌种瓶口的棉塞，也起着空气过滤除菌作用。

液体过滤需使用滤菌器，并配备减压抽滤装置，采用抽滤的方法，使液体物质通过过滤器，滤去液体中的微生物。滤菌器一般不能除去病毒、支原体及L-型细菌。

三、化学消毒灭菌方法

化学消毒灭菌法是利用化学药剂抑制或杀死微生物。具有抑制或杀死微生物的化学药剂种类很多，性质各异，杀菌强度各不相同。依据其作用性质可分为化学消毒剂和化学治疗剂。

（一）化学消毒剂

消毒剂主要用于抑制或杀死物体表面、器械、排泄物和周围环境中的微生物。高浓度的消毒剂可杀菌，低浓度则起抑菌作用，如5％石炭酸用于器皿表面消毒，0.5％石炭酸用于生物制品的防腐。

理想的消毒剂应是杀菌力强，价格低廉，配制方便，能长期保存，对人无毒或毒性较小的化学药剂。化学消毒剂常以液态或气态的形式使用，液态消毒剂一般通过喷雾、擦拭、浸泡、洗刷等方式使用；气态消毒剂主要通过熏蒸来消毒；通常是以灵活选用适宜的消毒剂，采取熏蒸、撒施等适当方法进行消毒。

1. 醇类 醇类是脂溶剂，能降低细胞表面张力，改变细胞膜的通透性及原生质的结构状态，引起蛋白质凝固变性。通常使用乙醇，70％～75％乙醇杀菌效果最好，用于接种工具、皮肤及玻璃器皿的表面消毒。而无水乙醇杀菌力很低，这是因为无水乙醇与菌体接触后使菌体表面蛋白质迅速脱水凝固，形成一层保护膜，阻止乙醇向菌体深层渗透，杀菌作用降低。乙醇易燃，使用时注意安全。

2. 醛类 醛类能与菌体蛋白质的氨基结合，改变蛋白质活性，使微生物的生长受到强烈抑制或死亡。最常用的醛类是甲醛，37％～40％甲醛溶液又称福尔马林。甲醛具有强烈的杀菌作用，5％甲醛可杀死细菌的芽孢和真菌孢子等各种类型的微生物。

常用甲醛对接种室、接种箱、培养室等处进行熏蒸消毒，其用量为5～10ml/m³，与3～5g/m³高锰酸钾混合，产生的热量使甲醛挥发，然后密闭24h。甲醛具有强烈的刺激性和腐蚀性，影响健康，使用时要注意安全。

3. 酚类 低浓度酚可破坏细胞膜组分，高浓度酚凝固菌体蛋白。酚还能破坏结合在膜上的氧化酶与脱氢酶，引起细胞迅速死亡。常用的有：

（1）苯酚（石炭酸） 为无色或白色晶体。一般用5％苯酚喷雾消毒，配制时需用热水溶化。苯酚有较强的腐蚀性，使用时要注意安全，不要滴到皮肤及衣物上。

（2）煤酚皂液（来苏儿） 为棕色黏稠液体，甲酚含量为48％～52％，杀菌机理与苯酚同，但杀菌能力比苯酚强4倍。一般1％～2％溶液用于皮肤消毒，3％溶液用于环境喷雾消毒。

4. 氧化剂 氧化剂通过强烈的氧化作用，破坏微生物的蛋白质结构，使其失去活性而死亡。常用的氧化剂有：

（1）高锰酸钾 0.1％高锰酸钾溶液作用30min可杀灭微生物的营养体，2％～5％溶液作用24h可杀灭细菌芽孢。主要用于环境及物品消毒。高锰酸钾溶液暴露在空气中易分解，应随配随用。

（2）漂白粉 主要成分为次氯酸钙，有效氯含量25％～32％，溶于水生成次氯酸，有很强的氧化作用，易与蛋白质或酶发生氧化作用而使菌类死亡。一般用5％漂白粉对环境进行消毒。

另外还有氯气、碘酒、过氧乙酸、过氧化氢等。

5. 重金属盐类 重金属离子易与蛋白质结合，使其变性或抑制酶的活性。所有的重金属盐类对微生物都有毒性，尤以含汞、银、铜的金属盐杀菌力最强。医疗和农业生产上常用的有：升汞、红汞、硝酸银以及硫酸铜配制成的波尔多液等。但应注意重金属盐类对人和动物有毒，使用时要注意安全，并妥善保管。

6. 表面活性剂 表面活性剂可降低表面张力，改变细胞的渗透性及稳定性，使细胞内的物质逸出，蛋白质变性。其刺激性小、渗透力较强，可用于皮肤、黏膜、器械的消毒，常用的如新洁尔灭、杜灭芬等。

7. 酸碱类 极端酸碱条件能使菌体蛋白质变性，导致菌体死亡。常用乳酸、醋酸、石灰等对环境进行消毒。

8. 染料 一些碱性染料的阳离子可与菌体的羧基或磷酸基作用，形成弱电离的化合物，妨碍菌体的正常代谢，因而具有抑菌作用。常用结晶紫对皮肤和伤口消毒。

消毒剂的种类很多，不同的消毒剂适用范围和使用浓度有较大差异，即使是同一种消毒剂用于不同场合时的浓度也各不相同。应根据杀灭微生物的特点、化学消毒剂的理化性质、消毒要求等因素进行选择。常用的消毒剂及其使用见表4-5：

表 4-5 常用消毒剂及其使用

类型	消毒剂名称	使用浓度	消毒范围
醇类	乙醇	70%～75%	皮肤、器械
醛类	甲醛	5～10ml/m³	接种、培养环境熏蒸、器皿消毒
酚类	石炭酸	3%～5%	地面、空气、家具
	来苏儿	2%～3%	皮肤消毒
氧化剂	高锰酸钾	0.1%	皮肤、水果、蔬菜、器皿
	H_2O_2	3%	清洗伤口、口腔黏膜
	过氧乙酸	0.2%	塑料、玻璃、皮肤
	氯气	0.2～0.5mg/L	饮用水、游泳池
	漂白粉	1%～5%	地面、厕所、饮用水、空气
	碘酒	2.5%	,皮肤
重金属盐类	升汞	0.05%～0.1%	植物、食用菌组织表面消毒
	红汞	2%	皮肤、黏膜、小伤口
	硫柳汞	0.01%～0.1%	皮肤、手术部位、生物制品防腐
	$AgNO_3$	0.1%～1%	皮肤及滴新生儿眼睛
	$CuSO_4$	0.1%～0.5%	配成波尔多液防治植物真菌病害
表面活性剂	新洁尔灭	0.05%～0.3%	皮肤、黏膜、手术器械
	杜灭芬	0.05%～0.1%	皮肤、金属、棉织品、塑料
酸碱类	醋酸	3～5ml/m³	空气熏蒸消毒、预防流感
	石灰水	1%～3%	地面、墙壁
染料	结晶紫	2%～4%	皮肤、伤口

（二）化学治疗剂

具有选择性杀死、抑制或干扰病原微生物生长繁殖，用于治疗感染性疾病的药物一般称为化学治疗剂。常用的治疗剂可分为抗代谢物和抗生素两大类。使用的化学治疗剂必须具备选择性强，不能伤及病原微生物的宿主；易溶于水及能渗透到受感染部位的条件。

抗代谢物一般是人工合成的，主要是磺胺类药物。它能与酶结合，干扰代谢的正常进行。该药物对细菌引起的传染性疾病有显著治疗效果。抗生素是微生物的一种次级代谢物或其人工衍生物。极低浓度就可抑制或影响其他生物的生命活动，是优良的化学治疗剂。抗生素的作用范围很广，除一般微生物外还包括癌细胞、寄生虫、红蜘蛛和螨类等多种生物，被广泛用于人及动植物病害的防治。

 **本章小结**

　　生长繁殖是微生物生命活动的重要特征，微生物生长的测定有直接测定菌体数量、间接测定细胞物质的重量或细胞生理活性等方法，测定微生物细胞总数常采用计数板计数法，平板菌落计数主要测定微生物活菌数。

　　微生物的生长包括个体生长和群体生长，群体生长是有规律变化的。无分支单细胞微生物的生长分为延滞期、对数期、稳定期和衰亡期4个时期，丝状微生物的群体生长无明显的对数生长期，一般经过生长停滞期、迅速生长期和衰亡期3个阶段。

　　纯培养技术是进行微生物学研究和生产的基础，获得微生物纯培养的方法有稀释分离法、划线分离法、单细胞挑取法等。培养微生物的方法有分批培养与连续培养，温度、酸碱度、氧气、水分、光与射线等环境条件影响微生物的生长。

　　消毒与灭菌是一项重要基本技术。常用的物理灭菌方法有干热灭菌、高压蒸汽灭菌、巴氏灭菌、紫外线灭菌、过滤除菌等，常用的化学消毒剂有乙醇、甲醛、苯酚、来苏儿、高锰酸钾、漂白粉、升汞、新洁尔灭、石灰、结晶紫等。

 **复习思考题**

1. 简述测定微生物生长方法的原理，并比较各种方法的优缺点。
2. 什么叫生长曲线？生长曲线分为哪几个时期？各时期有何特点？
3. 生长曲线在生产实践中有何指导意义？
4. 什么叫纯培养，如何获得纯培养？
5. 培养微生物的方法有哪些？各有何特点？
6. 影响微生物生长的环境因素有哪些？
7. 温度对微生物的生长有什么影响？划分温度型的依据是什么？
8. 何谓消毒、灭菌、防腐和除菌？
9. 为什么湿热灭菌比干热灭菌所需的温度低，时间短？
10. 高压蒸汽灭菌的原理是什么？为何在升压前要排尽冷空气？
11. 列举常用的化学消毒剂，并简述其使用方法及注意事项。

第五章 微生物的遗传变异和菌种保藏

学习目标

1. 掌握常用的菌种保藏和复壮方法。
2. 理解微生物遗传变异的物质基础。
3. 了解微生物基因突变和基因重组。

第一节 微生物的遗传与变异

遗传和变异是一切生物存在和进化的基本要素。与其他生物一样，微生物也具有遗传和变异的生命特性。遗传是相对的，变异是绝对的；遗传中有变异，变异中有遗传。遗传保证了种的存在和延续；而变异则推动了种的进化和发展。

一、基本概念

1. 遗传 遗传是指子代表现出与亲代相同或相似性状的现象。如细菌经细胞分裂或真菌孢子经萌发所形成的新个体，在形态、生理特性等方面都和亲代相似，从而形成了各类群微生物不同的特定"种"的特征。

2. 变异 变异是指亲代与子代以及子代各个体之间，在形态结构和生理特性上的差异。

3. 遗传型 遗传型是指某一生物所含有的遗传信息即 DNA 中正确的核苷酸序列。又称基因型，生物体通过这个核苷酸序列控制蛋白质或 RNA 的合成，一旦功能性蛋白质合成，可调控基因表达。

遗传型是一种内在可能性或潜力，其实质是遗传物质上所负载的特定遗传信息。具有某遗传型的生物只有在适当的环境条件下通过自身的代谢和发育，才能将它具体化，即产生表型。

$$遗传型＋环境条件\xrightarrow{\text{代谢、发育}}表型$$

4. 表型　表型是指某一生物体所具有的一切外表特征及内在特性的总和，是遗传型在合适环境条件下的具体体现。

5. 基因型变异　基因型变异是指生物体在某种外因或内因的作用下所引起的遗传物质结构或数量的改变。其特点是：①几率低（$10^{-5} \sim 10^{-10}$）；②性状的幅度大；③新性状能稳定遗传性。

6. 表型改变　表型改变是指不涉及遗传物质结构改变而只发生在转录、翻译水平上的表型变化，又称饰变。其特点是：①个体变化相同；②性状变化的幅度小；③新性状不具遗传性。如黏质沙雷菌在 25℃ 培养时，可产生深红色的灵杆菌素，但当在 37℃ 培养时，则不产生色素，再在 25℃ 下培养时，又恢复产生色素的能力。

二、微生物遗传变异的特点

微生物的遗传和变异，本质上虽然和高等动、植物相同，但也有它自己的特点。

（1）微生物代谢作用旺盛，有极高的繁殖速度，环境因素可在短期内重复影响其生长和繁殖，易发生变异，又能迅速产生大量后代，有利于自然选择和人工选择。

（2）微生物细胞体积小，比表面积大，与外界环境直接接触。当环境条件变化剧烈时，大多数个体易死亡而淘汰，个别细胞则发生变异而适应新环境。

（3）大多数微生物进行无性繁殖，而且营养体多为单倍体，因而便于建立纯系及长期保存大量品系。如果一旦发生变异，也能够迅速在性状上反映出来。

研究微生物遗传变异的规律，促进分子生物学基本理论研究，为微生物育种工作提供理论基础，并且也为邻近学科发展提供有用的思路和实践方法。

三、微生物遗传变异的物质基础

（一）遗传的物质基础

根据现代遗传学研究，一切生物遗传变异的物质基础都是核酸。核酸是许多核苷酸聚合而成的大分子。每个核苷酸均由核糖（或脱氧核糖）、碱基及磷酸组成。如果核苷酸中的戊糖是脱氧核糖（$C_5H_{10}O_4$），称脱氧核糖核酸（DNA）；如果核苷酸中的戊糖是核糖（$C_5H_{10}O_5$），则称核糖核酸（RNA）。

1. 证明核酸是遗传变异物质基础的经典实验　前人有许多经典实验证实遗传变异的物质基础是核酸，如1928年英国细菌学家 Griffith 的肺炎球菌的转化实验；1956年美国科学工作者 H. Frqaenkel - Conrat 的病毒拆开和重建实验。

这里仅举 1952 年 A. D. Hershey 和 M. Chas 的噬菌体感染实验：T_2 噬菌体由蛋白质和核酸组成，噬菌体中的硫元素只在蛋白质中存在，而磷元素只在核酸中存在。他们先用含 ^{35}S 和 ^{32}P 的培养基培养大肠杆菌和噬菌体，然后让 T_2 噬菌体侵染不含标记元素的大肠杆菌，并在噬菌体复制前进行搅动和离心，得到上清液和沉淀物。结果发现 ^{35}S 位于上清液，而 ^{32}P 沉淀于底部，这说明蛋白质外壳没有进入细菌，由于搅动而从细菌表面脱落下来，并且质量较轻，在离心时不被沉淀。而噬菌体 DNA 进入菌体，由于质量较重，在离心时沉淀下来。进入菌体的 DNA 可以在宿主细胞内复制出大量的 T_2 噬菌体。从而证实了 DNA 是噬菌体遗传信息的载体。

DNA 在真核微生物中主要集中于染色体上，在原核微生物中则集中于核质中。有些病毒没有 DNA，其遗传物质是 RNA。

2. DNA 结构　DNA 是一种高分子化合物。它是由 4 种核苷酸组成，每一种核苷酸都含碱基、脱氧核糖和磷酸根三种组分，4 种核苷酸的差异仅仅在于碱基不同。4 种碱基分别是：腺嘌呤（A）、鸟嘌呤（G）、胞嘧啶（C）、胸腺嘧啶（T）。

Watson 和 Crick 在 1953 年提出了 DNA 双螺旋结构模型，对 DNA 分子的空间结构、DNA 的自我复制、DNA 的相对稳定性和变异性以及 DNA 对遗传信息的储存与传递都有了较好的解释，从而奠定了分子遗传学的基础。

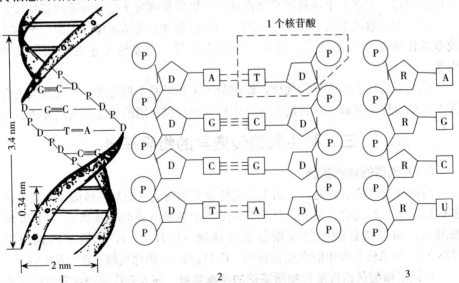

图 5-1　DNA 和 RNA 分子结构示意图

1.DNA 分子结构模式　2.DNA 分子链　3.RNA 分子链

一个DNA分子可以含有几十万或几百万个碱基对。各对碱基上下之间的距离为0.34nm，每个螺旋包含10对碱基，共长3.4nm，双链间的距离为2nm。就一条磷酸糖链来说，4种碱基的排列顺序和数量均不受限制，因而提供了DNA分子结构的多样性。

　　对于任一特定菌株的DNA分子，其碱基顺序是固定不变的，从而表现了遗传的相对稳定性。一旦DNA的个别部位发生了碱基排列顺序的变化，例如在特定的部位，丢掉或增加了一个或一小段碱基，则将会导致死亡或出现遗传性状的变异。

　　3. DNA的复制　为了确保细胞的DNA在传代中精确不变以保持所有属性的遗传，在细胞分裂前，DNA必须精确地复制。其复制过程如下：首先是DNA的双链从一端开始，氢键逐渐裂开分成两条单链，然后以每条单链为模板，通过碱基配对逐渐复制出另一条新链，这样，在DNA聚合酶的催化下，一个DNA分子最终复制成两个结构完全相同的DNA分子，从而准确地完成了遗传信息的传递。复制后的DNA分子各有一条新链和一条旧链构成双螺旋结构，所以称为半保留复制（图5-2）。这种半保留式的复制方式，就保证了生物遗传性的相对稳定。

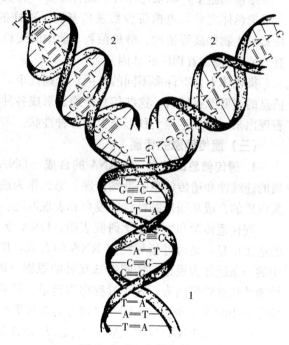

图5-2　DNA的复制
1. 亲本　2. 复制品

　　（二）遗传因子——基因

　　1. 基因　基因是DNA分子长链中的一个片断，有特定的碱基排列顺序，控制着特定的蛋白质（例如酶）的合成，从而控制相应的遗传性状。基因是储存遗传信息的因子。

　　一个DNA分子中含有许多基因，不同基因所含碱基对的数量和排列顺序都不相同，从而控制了不同的遗传性状。如果一个基因的碱基组成或排列顺序发生变化，那么这个基因将失去其正常功能，并导致生理缺陷、性状改变或死亡。

生物的遗传性状虽然都由基因控制，但是基因并不等于遗传性状。任何一种遗传性状的表现都是在基因控制下个体发育的结果，即从基因型到表现型必须通过酶催化的代谢活动来实现，而酶的合成直接受基因控制。

2. 基因的存在形式　在真核细胞中，DNA 和组蛋白等共同构成在普通显微镜下就可看到的染色体，少则几条，多则几十条或更多，大多是成对的棍棒状，外面包有一层膜，位于细胞核内。在原核细胞中，DNA 不和蛋白质结合，通常也称染色体，单纯由一根 DNA 丝构成，外面没有膜包围。

原核细胞中，除染色体外，还存在另一类较小的环状 DNA 分子，它们独立于染色体之外，也携带少数遗传基因，这样的 DNA 构造称为质粒。此外，在真核生物如高等植物、酵母菌和真菌中的线粒体以及绿色植物的叶绿体都含有 DNA，携带着相应的基因。

染色体上含有许多不同的基因，少则几个，多的达几百或几千个，是遗传信息的主要贮存场所，这些信息要通过形成各种酶或组成细胞结构的蛋白质才表现出来，形成生理上和形态上的各种性状。

（三）遗传信息的传递

1. 遗传信息的转录——RNA 的合成　DNA 的半保留复制解决了遗传物质的连续性和遗传信息的准确传递。那么作为遗传物质的 DNA 又是怎样控制蛋白质的合成从而控制性状的发育和表现的呢？

现代遗传学和生物化学研究表明：DNA 分子中某一个特定的基因所储存的遗传信息，是通过指导特定 RNA 的合成，即 RNA 在合成时以 DNA 分子中的一条链作为模板，按照碱基互补的原则（即 A - U、C - G）准确将 DNA 的遗传信息携带出来，这一过程称为转录。转录出来的 RNA，根据其在蛋白质合成中的作用和功能不同，又可分为 3 种类型：

（1）信使 RNA（mRNA）　它是以 DNA 的一条单链为模板，在 RNA 聚合酶的催化下，按碱基互补的原则合成的，然后透过核膜进入细胞质。由于它是某一特定蛋白质合成的模板，从而真实传递了 DNA 上的遗传信息，故称信使 RNA。

（2）转运 RNA（tRNA）　它存在于细胞质里，在蛋白质合成过程中起着转运特定氨基酸的作用。

（3）核糖体 RNA（rRNA）　它是细胞质中核糖体的基本成分，而核糖体是蛋白质合成的主要场所。

2. 遗传信息的翻译——蛋白质的合成　蛋白质的特异性是建立在其特定

氨基酸多肽链序列之上的，其合成是以 mRNA 作为模板，在 tRNA 和 rRNA 的共同参与下完成的。那么由 A、U、G、C 4 种碱基所组成的 mRNA 的核苷酸怎样决定某一特定蛋白质中氨基酸的种类和排列顺序呢？现在人们知道是通过遗传密码来实现的，即 mRNA 分子中每 3 个相邻的碱基决定一种氨基酸，这样相邻的 3 个核苷酸，就称为密码子。

许多氨基酸不只有一个密码子，如苯丙氨酸有 2 个（UUU 和 UUC），这种现象称密码简并。另外有 UAA、UGA、UAG 3 个密码子为遗传信息的终止信号（O），还有一个为起始信号（AUG）。

3. 中心法则 根据以上叙述，我们可以把 DNA、RNA 和蛋白质间的相互关系概括为下列三点：

（1）DNA 双链拆开，以每条单链为模板，按照碱基配对的原则，合成新的互补链，这是 DNA 的半保留复制。完成遗传信息的世代传递。

（2）以 DNA 双链中的一条为模板，互补地合成 mRNA，这就是遗传信息的转录。

（3）按 mRNA 上的密码子顺序，将氨基酸合成蛋白质，这就是遗传信息的翻译。

遗传信息的传递方向是单向的，即由 DNA 复制 DNA；DNA 转录为 RNA；然后由 RNA 翻译为特定的蛋白质，这就是通常所称的"中心法则"。但是后来发现某些肿瘤病毒的 RNA 也可作为模板，通过逆转录而合成 DNA，因而对"中心法则"的单向传递作了补充（图 5-3）。

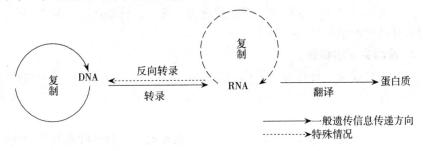

图 5-3 遗传信息传递方向

四、微生物的变异

任何生物一方面为了保持物种的稳定性，必须在繁殖过程中将性状准确地传给子代；另一方面，为了适应不断变化的外界环境，又会不断地发生变异。

（一）基因突变

广义的突变是指染色体数量、结构及组成等遗传物质突然发生稳定的可遗传的变化，包括染色体畸变和基因突变。染色体畸变是指 DNA 链上的一段变化或损伤现象，表现为染色体结构的插入、缺失、重复、易位、倒位及其数量上的变化。基因突变是指 DNA 链上的一对或少数几对碱基发生改变而引起的，又称点突变，是狭义上的突变。而对微生物来讲，基因突变最常见、最重要。

1. 基因突变的类型　基因突变的类型是多种多样的。按突变体的表型特征不同，可将突变分为以下几种类型：

（1）形态突变型　是细胞形态结构或菌落形态发生变化的突变类型。如细菌的荚膜、鞭毛或芽孢的有无，菌落的大小、颜色及外形的光滑（S 型）、粗糙（R 型）等变异；真菌或放线菌产孢子的多少、外形及颜色变异等。

（2）营养缺陷突变型　是一种缺乏合成其生存所必需的营养物，只有从周围环境或培养基中获得这些营养或其前体物才能生长的突变型。这是一类重要的生化突变型，在科研和生产实践中有着重要的应用价值。此类突变型必须在基本培养基中添加相应的营养成分才能正常生长繁殖。

（3）抗性突变型　是一类能抵抗理化因素的突变类型。根据其抵抗的对象不同可分为抗药性、抗紫外线或抗噬菌体等突变型。此类突变型十分常见，极易获得，在遗传学基本理论的研究中应用十分广泛，常作为选择性标记菌种。

（4）条件致死突变型　是指经基因突变后，在某种条件下可正常地生长、繁殖并实现其表型，而在另一种条件下却无法生长繁殖的突变类型。如温度敏感突变型。

（5）其他突变型　如抗原、糖发酵能力、毒力、代谢产物的种类和产量以及对某种药物的依赖性突变型等。

2. 基因突变的机制

（1）自发突变　是指由内因引起的变异，如 DNA 复制和修复中的错误。在自然条件下发生的，自发突变的突变率很低，一般在 $10^{-6} \sim 10^{-10}$，是常规选种的依据。

（2）诱发突变　是人为施加诱因，通过物理的（如紫外线和其他射线）和化学（如化学诱变剂）的因素而显著提高基因突变频率的手段。诱发突变是诱变育种的依据。

（二）基因重组

基因重组是两个独立基因组内的遗传基因，通过交换与重新组合形成新的稳定基因组的过程。通过基因重组所获得的后代具有不同于亲本的新基因组合。

1. 原核微生物的基因重组　原核微生物不具备性系统，不能通过两性交配使两个细胞的全部遗传信息等量地传给子代，但细胞之间可以交换部分

DNA 而进行基因重组。提供 DNA 的细胞称为供体，获得 DNA 的细胞称为受体。原核生物的基因重组方式有转化、转导、接合 3 种。

（1）转化　转化是受体细胞直接吸收来自供体细胞的 DNA 片段，并把它整合到自己的基因组的基因重组方式。转化后的受体细胞称为转化子。自从 Griffith 首次发现肺炎球菌的遗传转化后，目前已在大肠杆菌、芽孢杆菌、根瘤菌和葡萄球菌等许多细菌中发现这种现象，在放线菌和蓝细菌中也有转化成功的报道。如肺炎双球菌由 S 型转变成 R 型就是通过转化完成的。

（2）转导　转导是通过温和噬菌体的媒介，把供体细胞中的 DNA 片段转移到受体细胞中的基因重组方式。获得新遗传性状的受体细胞就称为转导子。

根据噬菌体和转导 DNA 产生途径的不同，可分为普遍性转导和局限性转导。普遍性转导是噬菌体可转移供体细胞任何一部分 DNA 片段，而局限性转导是噬菌体只能转移供体细胞特定的 DNA 片段。

（3）接合　接合是通过性菌毛相互连接沟通，将供体细胞的遗传物质（主要是质粒 DNA）转移给受体细胞的基因重组方式。能通过接合方式转移的质粒称为接合性质粒，主要包括 F 质粒、R 质粒和 Col 质粒等。F 质粒就是主要的一种，只有带有 F 质粒的细菌才能生成性菌毛，以沟通供体菌与受体菌，一旦 F 质粒丢失，细菌间就不能进行接合。

2. 真核微生物的基因重组　真核微生物的基因重组方式有有性生殖和准性生殖两种。

（1）有性生殖　有性杂交是不同基因型的两个性细胞间发生结合，随之进行的染色体重组，进而产生新基因型后代的一种遗传重组方式。大多数真核生物能进行有性生殖，产生各种有性孢子。真菌两个性细胞通过质配、核配后形成双倍体的合子。合子进行减数分裂时，部分染色体可能发生交换而进行基因重组，由此而产生重组染色体并把遗传性状按一定的规律传给后代。有性杂交在生产实践中较广泛用于优良品种的培育。

（2）准性生殖　准性生殖是一种类似于有性生殖，但比有性繁殖更为原始的一种生殖方式。它可使同一种生物的两个不同来源的体细胞经融合后，不通过减数分裂而导致低频率的基因重组。准性生殖多发生于半知菌中。

第二节　菌种的保藏与复壮

菌种是一类重要的自然资源，通过微生物选种和育种获得的优良菌种，在生产和保藏过程中，还会不断地产生变异，甚至衰退。衰退菌种直接影响产品的产量和质量，对生产是极为不利的。因此，当获得了优良菌种之后，首先必须做好保藏工作，以防止其衰退。一旦发生衰退就要进行复壮，以恢复其优良性能。

一、菌种的保藏

菌种保藏是一项很重要的微生物学基础工作。菌种保藏的目的是避免菌种的死亡及防止优良遗传性状的丧失，即保证菌种不死亡、不衰退、不被杂菌污染。保藏好菌种，对研究和利用微生物具有十分重要的意义。

（一）菌种保藏的原理

菌种保藏主要是根据微生物的生理、生化特性，人工创造条件使微生物代谢活动处于不活泼状态。利用微生物的孢子、芽孢及营养体，给以不适合其萌发、生长、繁殖的条件，即低温、干燥、缺氧、缺营养物等手段来达到菌种保藏目的。

（二）菌种保藏方法

菌种保藏的方法很多，但一种好的保藏方法首先应能够长期保持菌种原有的优良性状不变，同时还要求方法简便、时间持久、经济。常用的保藏方法如下（表5-1）：

表5-1　常用的菌种保藏方法

保藏方法	采取措施	适宜微生物	有效保藏时间
斜面低温	低温	各类微生物	3～6个月
液体石蜡	缺氧	各类微生物（除石油微生物）	1年以上
砂土管	干燥、无营养	产孢子或芽孢微生物	1～10年
冷冻干燥	低温、干燥、无氧	各类微生物	5年以上
纯种制曲	干燥、低温	产大量孢子的霉菌	1年以上

1. 斜面低温保藏法　将菌种接在适宜的斜面培养基上，待其充分生长后（如生长为对数期细胞、形成孢子），多数微生物菌种可放在4℃冰箱中保藏。以后每隔一定时间，需进行移接培养后再行保藏。一般霉菌、放线菌半年一次，细菌、酵母菌3个月一次。这种保藏法使菌种处于较低的温度下，既可降低其代谢活动，也可使培养基不致干裂。

该方法的优点是简单易行，易于推广，存活率高；缺点是菌种尚有一定强度的代谢，保藏时间短，转管次数多，菌种易变异。

2. 液体石蜡保藏法　将化学纯的液体石蜡经高压蒸汽灭菌，放在40℃恒温箱中蒸发其中的水分，然后注入斜面培养物中，使液面高出斜面约1cm。将试管直立，放在室温或4℃冰箱中保藏。液体石蜡既能隔绝空气，又能防止培养基因水分蒸发而干燥，因而能使保藏时间长达 1 年以上。此法适于保藏好氧细菌、真菌、放线菌等，但不能保藏石油发酵微生物。

3. 砂土管保藏法　将沙或土过筛、烘干、装管、灭菌，然后将菌种制成孢子悬液滴入其中混匀，放到盛氯化钙的干燥器里吸除水分，干燥后保存或用火焰封管后保存。吸附在干燥砂土上的孢子因缺水而处于休眠状态，可保存较长时间。此法操作简单，移接方便，主要适于保藏细菌的芽孢、霉菌和放线菌的孢子，一般可保藏数年。

4. 纯种制曲法　这是根据我国传统的制曲经验改进以后的方法。将麸皮与水按 1∶0.8～1.5 比例拌匀（含水量视菌种而异），装入试管，灭菌后接入菌种培养，当形成孢子后即成曲。将试管放入盛有氯化钙的干燥器中，于室温下干燥后，置于低温下保藏。此法适于保藏产生大量孢子的霉菌和放线菌，保藏时间可长达 1 年以上。

5. 冰冻干燥保藏法　这是目前最好的一种综合性保藏方法。其基本过程是：将菌种用无菌脱脂牛乳制成高浓度的菌悬液，分装在无菌的安瓿瓶中，在低温条件下抽气干燥，使其形成完全干燥的菌块，然后将安瓿瓶在真空条件下熔封，置于室温或低温下保存。此法具备低温、干燥、真空 3 个保藏菌种的条件，存活率高，变异率低，适合各类微生物的保藏，保藏时间可达 5 年以上。但操作过程复杂，要求一定的设备条件。

（三）菌种保藏注意事项

（1）保藏菌种用的培养基要含有机氮多，少含或不含糖分。

（2）保藏菌种用的斜面培养基一定要新鲜。

（3）保藏的菌种，要在斜面上生长丰满，但培养时间又不宜过长。长好后要立即进行保藏，相隔时间切勿太久。

（4）菌种保藏过程中所使用的各种器材一定要彻底灭菌，液体石蜡、砂土等要经无菌检查，合格后才能使用。

（5）保藏的菌种要做好标记，防止混乱。

（6）使用时需将菌种接种在保藏前的同种培养基上进行活化。

总之，保藏菌种必须建立一套菌种管理制度，要有专人负责，定期进行检查。如发现变异或污染杂菌，应及时进行处理。对保藏菌种，应进行分类存放，每种菌种都应有记录表。

二、菌种的衰退与复壮

（一）菌种的衰退

在生物进化的过程中，遗传性的变异是绝对的，退化性的变异是大量存在的，这些负变的自发突变菌株的出现最终导致菌种的衰退。菌种衰退是指群体中退化细胞占一定数量后，表现出菌种生产性能下降或丧失的现象。

1. 菌种衰退的表现

（1）菌落和细胞形态改变　菌种典型的形态特征逐渐减少，就表现为退化，如菌落颜色改变、畸形细胞出现等。如衰退的"5406"在平板培养基上的菌苔变薄，生长缓慢，不再产生典型而丰富的橘红色分生孢子层；衰退后的苏云金芽孢杆菌的芽孢和伴孢晶体变得小而少等。

（2）代谢产物生产能力下降　发酵菌株的发酵能力下降，对生产来说是十分不利的，如赤霉素生产菌种产赤霉素能力的下降。

（3）对其寄主寄生能力的下降　如白僵菌对其寄主致病力的下降。

（4）对生长环境的适应能力减弱　如抗噬菌体菌株变为敏感菌株，利用某种物质的能力降低等。

2. 防止菌种衰退的措施

（1）控制传代次数　尽量避免不必要的传代，减少传代次数。否则，频繁转接，使其常处于旺盛代谢状态，就会增加变异机会。传代次数越多，菌种衰退的可能性就越大。因此对菌种必须合理使用，保藏菌种以移植不超过2～3代为宜，生产菌种最多不超过10代。

控制传代次数的做法是：将筛选出来的或外地引进的菌种要做好长期保藏。对第一代繁殖尽量多些，取其中一支再移植一批斜面菌种为第二代，用于生产，第二代用完后，再取一支保藏菌种移植一批使用（图5-4）。为了减少菌种的消耗量，大量生产时应尽量避免用斜面菌种直接接种。

（2）创造良好的培养条件在实践中，有人发现如创造一个适合菌种的生长条件，就可在一定程度上防止菌种衰退。如在赤霉素生产菌的培养基中，加入糖蜜、天冬酰胺、谷氨酰胺等营养物时，有防止菌种衰退的效果。

（3）利用不易衰退的细胞传代　在放线菌和霉菌中，由于其菌丝细胞常含几个核，甚至是异核体，因此用菌丝接种就会出现不纯和衰退，而孢子一般是单核

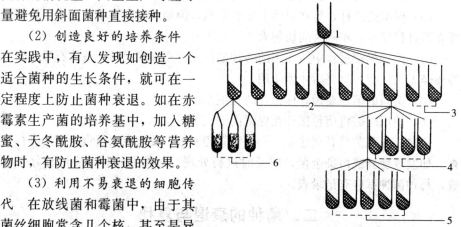

图5-4　微生物传代方法示意图

1.原种　2.低温保藏　3.用于第一次生产
4.用于第二次生产　5.用于第三次生产　6.砂土管

的，用于接种时，就没有这种现象发生。有人在实践中创造了用灭过菌的棉团轻巧地对"5406"抗生菌进行斜面移种，由于避免了菌丝的接入，因而达到了防止菌种衰退的效果。

（4）采用有效的菌种保藏方法　在用于工业生产的菌种中，重要的性状都属于数量性状，而这些性状恰恰是最易退化的。因此，不同的菌种要采用合适的方法进行保藏。

（二）菌种的复壮

菌种的复壮有广义和狭义两种概念。狭义的复壮仅是一种消极的措施，它是指在菌种已发生衰退的情况下，通过纯种分离和测定生产性能的方法，从衰退的群体中找到尚未衰退的个体，以达到恢复该菌原有典型性状的一种措施。而广义的复壮则应是一项积极的措施，即在菌种的生产性能尚未衰退前就经常有意识地进行纯种分离和生产性能的测定工作，以期菌种的生产性能逐步有所提高，所以，这实际上是一种利用自发突变不断从生产中进行选种的工作。常用复壮方法有：

1. 纯种分离　通过稀释分离、划线纯化或单细胞分离法，把退化菌种中少部分仍保持优良性状的单菌落、单细胞分离出来，经扩大培养后，往往可以恢复原来菌株的优良特性。

2. 寄主复壮　对于寄生微生物的退化菌种，可通过接种到相应的昆虫或植物寄主上，再重新分离来提高菌种的活力和寄生性。如苏云金芽孢杆菌，长期人工培养会发生毒力减退、杀虫率降低等现象，这时将退化的菌株去感染菜青虫的幼虫，然后从最早死亡的虫体中重新分离典型产毒菌株。

3. 淘汰已衰退的个体　通过改变培养温度、营养成分或酸碱度，可淘汰衰退个体。如对"5406"抗生菌的分生孢子采用$-10 \sim -30℃$的低温处理$5 \sim 7d$，使其死亡率达到80%左右，结果会在抗低温的存活个体中留下未退化的个体。轮换使用苜蓿根、马铃薯、大麦粉等培养基也可提高"5406"菌种的性能。

本章·小·结

微生物遗传的物质基础是核酸（DNA 或 RNA）。DNA 以染色体形式存在于细胞中，呈双螺旋式结构，以半保留式的方式进行复制。基因是 DNA 分子中的一个片断，控制相应的遗传性状，遗传信息按照中心法则进行传递。

微生物的变异包括基因突变和基因重组。基因突变是微生物主要的变异方式，是由自发突变和诱发突变引起的，突变的类型有形态突变型、营养缺陷突变型、抗性突变型、条件致死突变型、抗原突变型等。原核生物的基因重组方式有转化、转导、接合3种,真核微生物的基因重组方式有有性生殖和准性生殖两种。

菌种保藏的目的是保证菌种不死亡、不衰退、不被杂菌污染,常采取低温、干燥、缺氧、缺乏营养等措施,使微生物处于受抑制的休眠状态。常用的保藏方法有斜面低温保藏法、液体石蜡保藏法、砂土管保藏法、冰冻干燥保藏法等。菌种在使用过程中会出现衰退,需采取有效措施防止衰退,对已衰退的菌种要进行复壮。

1. 名词解释:基因型　表现型　基因　中心法则　接合　转导　转化　基因突变　基因重组

2. 微生物遗传变异的物质基础是什么?DNA是如何复制的?

3. 微生物有哪些变异现象?

4. 菌种保藏的目的、原理是什么?

5. 常用保藏方法有哪些?各有何有缺点?

6. 怎样防止菌种衰退?如何进行菌种复壮?

第六章 微生物生态

学习目标

1. 掌握微生物在自然界中的分布。
2. 理解微生物与其他生物之间的关系。
3. 掌握微生物在物质转化中的作用。

微生物与其生存的环境之间存在着极为密切的相互关系,一方面环境影响着微生物,另一方面微生物的生命活动也对环境产生着影响。微生物生态学是研究微生物群体与其周围的生物和非生物环境条件之间相互关系的科学。研究微生物生态对于开发利用微生物资源,发挥微生物在工农业生产、医药卫生与环境保护中的作用,具有十分重要的意义。

第一节 微生物在自然界中的分布

一、土壤中的微生物

1. 土壤环境 土壤具备微生物生长发育所需要的营养物质及其生命活动及生长繁殖的各种条件。土壤中的有机物和矿物质为微生物提供了良好的营养;土壤的酸碱度接近中性,缓冲性较强,适合大多数微生物生长;土壤孔隙中充满着空气和水分,基本可满足微生物生长的需要;土壤的保温性能好,昼夜温差和季节温差较小;土壤的渗透压大都不超过微生物的渗透压;表层土壤保护微生物,免于被阳光直射致死。因此,土壤是微生物生活最适宜的环境,土壤中微生物数量最大,种类最多。对微生物来说,土壤是微生物的"大本营",对人类来说,土壤是最丰富的"菌种资源库"。

2. 土壤中微生物的种类与分布 土壤内微生物的数量和种类,与土壤深度和性质等因素有关,土壤中表层土几厘米至十几厘米处微生物的数量最多。肥沃土壤每克可含有数亿微生物,贫瘠的土壤也有数以千万计的微生物。深层土壤因为养分减少、缺乏空气等原因，微生物数量减少。

土壤中的微生物以细菌为主，一般可占土壤微生物总数的 70%～90%，放线菌、真菌次之，藻类和原生动物较少。在不同的土壤内，具体微生物的组成和类型差异较大。在沼泽土中，厌氧菌数量较多；纤维素和木质素含量较高的偏酸性土壤，真菌所占比例上升；酵母菌易于分布在含糖丰富的果园、葡萄园和养蜂场的土壤中。通过土壤中微生物的代谢活动，可改变土壤的理化性质，进行物质转化，土壤微生物是构成土壤肥力的重要因素。

3. 根际微生物　根际微生物是指根系表面至几毫米的土壤区域内的微生物，包括细菌、真菌和原生动物等。同根际外土壤中的微生物群落相比，根际微生物的数量、种类和活性上都有明显不同，表现出一定特异性，这种现象称为根际效应。

根土比（R/S）是指根际中微生物数量同相应的无根系影响的土壤中微生物数量之比，是反映根际效应的重要指标。大量的研究结果表明，"根土比"一般在 5～20。由于不同植物和土壤的特性不同，使这一比值有较大差异。农作物一般比树木表现出较大的根土比，豆科植物根际较非豆科植物更能刺激细菌的生长与繁殖，因而有较大的根土比。

在根际中，植物和微生物既相互促进，又相互制约。微生物对植物的影响可以是有益的，也可能是不利的。有益影响包括：①改善植物的营养：根际微生物旺盛的代谢作用和所产生的酶类加强了有机物质的分解，促进了营养元素的转化，提高了土壤中磷素与其他矿质养料的可给性；②促进植物的生长：根际微生物分泌的维生素、氨基酸、生长刺激素等生长调节物质能促进植物的生长；③避免土著性病原菌的侵染：根际微生物分泌的抗生素类物质，抑制土著性病原菌的生长。

不利影响有：①引起作物病害：由于某些宿主植物对病原菌的选择性，致使一些病原菌在相应植物的根际大量生长繁殖，从而加重病害；②产生有毒物质：某些有害微生物虽无致病性，但它们产生的有毒物质能抑制种子的发芽、幼苗的生长和根系的发育；③竞争有限养分：植物和微生物的生长都需要养分，因此在根际内存在植物和微生物之间的养分竞争作用，尤其是在养分不足时，矛盾尤为突出。

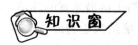

PGPR——根际促生细菌

生长在植物根际的一些细菌，在代谢过程中能产生许多促进植物生长的物质，这类对植物有促生作用的细菌统称为植物促生细菌（PGPR）。已报道的PGPR主要有醋杆菌、柠檬节杆菌、巴西固氮螺菌、自生固氮菌、巨大芽孢杆菌、多黏芽孢杆菌、枯草杆菌、阴沟肠杆菌、荧光假单胞菌、恶臭假单胞菌、沙雷氏菌。还有假单胞菌属中的一些种，根瘤菌科中的一些种（如豌豆根瘤菌、三叶草根瘤菌、苜蓿根瘤菌等）以及根癌土壤杆菌等。

PGPR可分泌类赤霉素、吲哚乙酸等植物促生物质，促进植物生长、发芽和豆科植物结瘤。PGPR还分泌多种维生素，如维生素 B_1、维生素 B_6、维生素 H、维生素 B_{12} 等，有的还能分泌氨基酸，为植物提供营养。PGPR产生抗生素类物质，抑制病原菌生长，减轻土传病害。许多PGPR具有降解污染物的作用，如肠杆菌科、假单胞菌科的一些种可除去除草剂中的氯。在根瘤菌肥料中加入了促进结瘤的微生物（如假单胞菌），与根瘤菌联合使用能够使结瘤增加，称为第二代豆科植物肥料。

二、水域中的微生物

在自然水域中含有有机物、无机物和溶解氧，pH大多在 $6.5\sim8.5$，水温在 $0\sim36℃$，具备微生物生长和繁殖的基本条件，所以水体是微生物栖息的第二天然场所。天然水体可分为淡水和海水两大类型。

淡水主要指江河、湖泊、池塘、水库、小溪中的水及地下水。淡水中的微生物主要来源于土壤、尘埃、污水、腐败的动植物残体及人畜粪便等。淡水中微生物的种类和数量一般要比土壤中少得多，主要有细菌、放线菌、真菌、病毒、原生动物及单细胞藻类等。微生物在水中的分布与数量受水体类型、层次、污染情况、季节等各种因素的影响。如贫营养湖泊中细菌数 $10^3\sim10^4$ 个/ml；而富营养化的湖泊中可达到 $10^7\sim10^8$ 个/ml。

受海洋特定条件的影响，海水含盐量高、渗透压大、水温低、有机质少，深水处静压力大。海水中的微生物与淡水有很大区别，陆地上常见的肠道细菌由于不适应海水的特定环境而很快死亡。海洋中的微生物多为嗜盐、嗜冷、耐高压的种类，如盐生盐杆菌、水活微球菌等。接近海岸的海水和海底淤泥中菌数较多，离海岸越远，菌数越少。一般在河口、海湾的海水中细菌数约为 10^5 个/ml，而远洋的海水中只有 $10\sim250$ 个/ml。

三、空气中的微生物

空气中缺乏水分和营养，不具备微生物的繁殖条件，且紫外线对微生物也有致死作用，因此，空气不是微生物良好的生存场所。但是来自土壤中飞扬的尘埃，水面吹起的水雾，人和动物体表干燥脱落的物质中的微生物，会随气流传播而进入空气中。

表 6-1　不同环境下空气中的含菌量（个/m³）

环　　境	微生物数量	环　　境	微生物数量
畜　　舍	$1×10^6$～$2×10^6$	市区公园	200
宿　　舍	20 000	海洋上空	1～2
城市街道	5 000	北极（北纬80°）	0～1

不同环境空气中的微生物数量不同（表 6-1）。尘埃越多的空气，微生物也越多，如畜舍、公共场所、医院、城市街道的空气中，微生物数量较多；而高山、森林、积雪的山脉和高纬度地带的空气中，微生物较少；海洋上空的微生物较少，因为微生物从水中进入空气比随尘埃飞扬到空气中困难，同时空气环境与海洋环境差别较大，进入空气的海洋微生物一般会很快死去。由于微生物产生的孢子本身也可以飘浮到空气中，借风力传播。所以空气中真菌的孢子数量最多，细菌较少。

四、农产品中的微生物

粮食中的微生物种类很多，其中霉菌最为多见，其次为细菌和酵母菌。每克粮食中的微生物可达几千到几万。一些微生物引起粮食的霉变，据统计，全世界每年因霉变而损失的粮食就占其总产量的 2%左右；一些微生物还会产生有毒或有害的代谢产物，使人食用后中毒甚至死亡。特别是有些霉菌，如黄曲霉产生的黄曲霉素有极强的致癌作用，已引起人们极大关注。黄曲霉特别容易在花生、玉米上繁殖，在小麦面粉和豆粉中也有发现。

新鲜肉上常见的微生物主要是细菌，如假单胞菌、肠道细菌等。在微生物作用下肉类腐败极为迅速。肉的表面发生好氧性腐败，表层以下多为厌氧腐败。肉类的腐败不但引起致病菌的繁殖，某些细菌还能产生剧毒的毒素，如肉毒梭菌产生肉毒毒素。

不同的肉类中的微生物类群不同，这与它们的制作或生产来源有关。鱼类与水产品上的微生物种类与其生存的水中的微生物有关，受污染的水域中生产的水产品会将病原微生物传染给人。罐头食品一般已通过加热来杀死食品中的微生物，如果仍有微生物存在，则一般是能形成芽孢的耐热细菌，如梭状芽孢杆菌。

五、正常人体和动物上的微生物

正常人体及动物体上都存在着许多微生物，如动物皮毛上有葡萄球菌、链球菌和双球菌，在肠道中存在着的拟杆菌、大肠杆菌、双歧杆菌、乳杆菌、粪链球菌、腐败梭菌等，这些微生物一般对动物有益无害，称为正常菌群。

人体的皮肤、黏膜以及一切与外界相通的腔道，如口腔、鼻咽腔、消化道和泌尿生殖道中存在着许多正常菌群。在一般情况下，它们与人体保持着平衡状态，且菌群之间互相制约，维持相对的平衡。但当机体防御机能减弱时，如皮肤烧伤、黏膜受损、机体受凉或过度疲劳时，一部分正常菌群会成为病原微生物，而使机体发病。另一些正常菌群由于其生长部位发生改变也可导致疾病的发生。

六、极端环境中的微生物

极端环境是指高等动植物不能生长，大多数微生物不能生活的高温、低温、强碱、强酸、高压、高盐等特殊环境。能这些极端环境中生活的微生物称为极端环境微生物。微生物对极端环境的适应，是自然选择的结果，也是生物进化的动因之一。极端环境微生物具有不同于一般微生物的遗传特性、细胞结构和生理功能，在冶金、开采石油、生产特殊酶制剂、环境保护等生产和科研中具有重要的理论意义与实践价值。

1. 嗜热菌 嗜热菌广泛分布在草堆、厩肥、温泉、煤堆、火山、地热区土壤及海底火山口等处。在湿草堆和厩肥中生活着好热的放线菌和芽孢杆菌，其生长温度为 45～65℃，有时甚至可使草堆自燃。

嗜热菌代谢作用强，生长速率高，酶促反应温度高等特点是中温菌所不及的，在发酵工业、城市和农业废弃物处理等方面均具有特殊的作用。如嗜热菌水生栖热菌的耐高温 DNA 聚合酶为 PCR 技术在科学研究和医疗等领域的广泛应用提供了基础。但嗜热菌的抗热性为食品保存带来困难。

2. 嗜冷菌 嗜冷菌分布于两极地区、冰窖、高山、深海等低温环境中。嗜冷菌可分为专性和兼性两种，专性嗜冷菌对 20℃ 以下稳定的低温环境有适应性，20℃ 以上即死亡；兼性嗜冷菌是从不稳定的低温环境中分离到的，其生长的温度范围较宽，最高生长温度范围甚至可达 30℃。嗜冷菌产生的酶在日常生活和工业生产上具有应用价值，但其导致低温保藏的食品发生腐败。

3. 嗜酸菌 嗜酸菌分布于酸性矿水、酸性热泉和酸性土壤等处。极端嗜酸菌能生长在 pH3 以下。如氧化硫硫杆菌的生长 pH 为 0.9～4.5，最适 pH 为 2.5，在 pH0.5 下仍能存活。它能氧化元素硫产生硫酸，浓度可高达 5%～10%。氧化亚铁硫杆菌为专性自养嗜酸杆菌，它能氧化还原态的硫化物和金属硫化物，还能把亚铁氧化成高铁，以从其中取得能量，被广泛应用于铜等金属的细菌沥滤中。但嗜酸菌也会造成严重的环境污染。

4. 嗜碱菌　嗜碱菌的分布较广，在碱性和中性的土壤中均可分离到，专性嗜碱菌可在 pH11 甚至 12 的条件下生长，而在中性条件下却不能生长。嗜碱菌的胞外酶都具有耐碱的特性，由它们产生的淀粉酶、蛋白酶和脂肪酶，其最适 pH 均在碱性范围，因此可以发挥特殊的应用价值。

5. 嗜盐菌　嗜盐菌通常分布于晒盐场、腌制海产品、盐湖等处。其生长最适盐浓度高达 15%～20%，甚至还能生长在 32% 饱和盐水中。嗜盐菌的紫膜具有质子泵和排盐作用，目前正设法利用这种机制来制造生物能电池和海水淡化装置。但嗜盐菌会使盐腌制品发生腐败变质。

6. 嗜压菌　嗜压菌分布在深海底部和深油井等少数地方。嗜压菌必须生活在高静水压的条件下，如在万米深海处，水压高达 115 510.5kPa（1 140个大气压），可找到许多种嗜压菌。耐高温和厌氧生长的嗜压菌有可能被用于油井下产气增压和降低原油黏度，借以提高采油率。各种细菌、酵母菌和病毒在短时间内对高压的耐受性也是一种普遍现象，如许多细菌在数分钟内能耐1 215 900kPa（12 000个大气压）而不死亡，这些称为耐压菌。

第二节　微生物与生物环境

在自然界中微生物与微生物之间，微生物与高等动物、植物之间的关系都是非常复杂而多样化的，它们彼此相互制约，相互影响，共同促进了整个生物界的发展和进化。微生物与生物环境之间的相互关系常见的有 5 种。

一、互　　生

互生是指两种可以独立生活的生物，当其共同生活在一起时，通过各自的代谢活动而有利于对方，或偏利于一方的生活方式。主要表现为它们都产生了某种为对方所必需的营养物质，或是创造了一个有利于对方生长的环境条件。

1. 微生物间的互生　土壤中自生固氮菌与纤维素分解菌之间存在着互生关系。纤维素分解菌可将纤维素分解成葡萄糖，自生固氮菌以葡萄糖作为碳素来源，并能固定空气中的氮素，为纤维分解菌提供氮素营养。再如节杆菌和链霉菌都不能单独降解有机磷农药二嗪农，但共同培养时，它们能利用二嗪农作为碳源和能源，并将其分解。

2. 微生物与植物间的互生　植物根际微生物与植物根系之间的互生关系表现为植物根系分泌有机营养物质供微生物生长；而根际微生物代谢产生的有机酸溶解土壤中难溶的矿物质［如 $Ca_3(PO_4)_2$］供植物吸收利用。联合固氮菌能从根的表皮细胞或侧根发生处的裂隙进入根组织的细胞间隙或细胞内，与植物根形成联合固氮体系。在联合固氮体系中，植物为固氮菌提供养料和微生态环境，而联合固氮菌则向植物提供氮素养料，并能产生某些抗病、促生的生物活性物质。

另外在植物地上部分的表面，特别是在叶上，生活着大量的附生微生物，它们以植物外渗物质或分泌物质为营养，附生微生物可为植物提供氮素营养和某种程度的保护作用，如附生微生物能产生有毒的或令动物不适的厌恶性物质以防止昆虫或食草动物的摄食。能在叶面和叶际生长的细菌类群主要有假单胞菌属、乳酸菌、黄单胞菌属和葡萄球菌属等。

3. 微生物与动物间的互生 在正常情况下，人和动物的体表与体腔中都有特定种类和数量的微生物生存，它们以人和动物皮肤或腺体的分泌物、黏液、脱落的细胞和食物消化物或残渣等作为养料。人和动物为微生物提供了适宜的温度、水分、O_2 和 pH 等良好的生态环境，并对微生物的生活提供了适当的保护作用。这些微生物是人和动物体内的正常菌群，它们在一定程度上能抑制和排斥外来微生物的生长、病原微生物的定居与入侵，从而保护人和动物的健康。如果由于某种原因（如长期服用抗生素）造成正常菌群种类变化或数量减少，则会导致病原微生物的入侵和疾病的发生。但是，我们也可以利用这种关系防病、治病。如在食物或饲料中添加这些正常菌群的微生物（如双歧杆菌等）则可制止腹泻和促进人或动物的生长。

二、共　生

共生是指两种生物生活在一起相互依赖、相互分工甚至达到难以独立生活的一种相互关系。

1. 微生物间的共生 地衣是微生物间共生关系的典型代表。地衣是真菌菌丝和蓝细菌细胞紧密缠绕或排列在一起而形成的统一整体。在生理上它们互为依存，真菌以其产生的有机酸分解岩石中的矿物质，为蓝细菌提供必需的矿质养料。蓝细菌则通过光合作用向真菌提供有机营养。这种共生关系使地衣具有极强的适应性和生命力，在干燥地区，生长于岩石表面的地衣仍能生长。地衣对大气和环境污染特别敏感，可以作为指示生物，一旦某地区因 SO_2 的浓度过高，出现酸雨时地衣将迅速消失。

2. 微生物与植物间的共生 微生物和植物可以形成特定的共生关系，如根瘤菌和豆科植物共生、弗兰克氏放线菌和非豆科植物共生、蓝细菌和其他生物的共生、真菌和植物的共生等。

（1）根瘤　根瘤菌侵染豆科植物后，在其主根和侧根上形成许多瘤子，称为根瘤。根瘤菌为 G^-，可以在土壤中营腐生生活，但只有在与植物共生形成的根瘤中才能进行固氮。根瘤菌通常经根毛侵入，并沿着根毛形成侵入线。当侵入线到达皮层后，刺激内皮层细胞分裂繁殖，根瘤菌也随之进入皮层细胞内，迅速繁殖并分化为类菌体。根瘤在发育的同时，还产生其特有的豆血红蛋白，它保证了低氧分压，使得类菌体内的固氮酶能够将 N_2 还原为 NH_3，并进一步分泌到根瘤细胞浆中，与有机酸结合生成氨基酸、酰胺或酰脲等，这些物质经根瘤和植物输导系统转运到植物的各个部分，以满足植物氮素营养的需求。

（2）菌根　在自然界中，真菌和植物存在着更为普遍的共生关系。1885年德国学者 Frank 首次将真菌与植物根的共生联合体称为菌根，并将形成菌根的真菌称为菌根菌。菌根能加强植物对水分、磷、钾、氮和其他矿物质的吸收；为植物提供生长素、维生素、细胞分裂素、抗生素和脂肪酸等其他代谢产物；能增强真菌和植物对环境的适应能力。根据菌根的形态结构和菌根真菌共生时的其他性状，将菌根分为内生菌根和外生菌根（图6-1）。

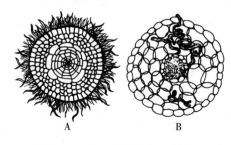

图6-1　外生菌根与内生菌根
A. 外生菌根　B. 内生菌根

①外生菌根　外生菌根多形成于木本植物，主要为乔木和灌木树种。形成外生菌根的真菌主要是担子菌，其次是子囊菌，个别为接合菌和半知菌。它们在植物的幼根表面发育，交织成紧密的鞘套结构，包围在根外，使细小的侧根呈臃肿状态，最外层的菌丝前端向外散出，使菌根表面呈绒毛状。

②内生菌根　内生菌根的真菌菌丝可侵入植物根的内部，在根细胞间发育，因而使根变得肿大。常见的 VA 菌根是由内囊霉科的部分真菌侵染植物后，在根的皮层细胞内产生泡囊—丛枝状结构。这种菌根在自然界的分布极为普遍和广泛，陆生植物 80% 有丛枝菌根，如小麦、玉米、棉花、烟草、大豆、甘蔗、马铃薯、番茄等都能形成 VA 菌根。

（3）弗兰克氏菌与非豆科植物的共生固氮　已知放线菌中的弗兰克氏菌属可与 200 多种非豆科植物共生形成根瘤。这些根瘤具有较强的共生固氮能力，结瘤植物多为木本双子叶植物，如凯木、杨梅、沙棘等。

（4）蓝细菌和植物的共生固氮　蓝细菌中的许多属种，如念珠蓝细菌、鱼腥蓝细菌等属，除能自生固氮外，还能与部分苔藓植物、蕨类植物、裸子植物和被子植物形成具有固氮功能的共生体。

3. 微生物与动物间的共生

（1）瘤胃微生物与反刍动物的共生　牛、羊和鹿等反刍动物以含纤维素成分高的草料为食，它们本身缺乏消化纤维素的酶，要靠定居在瘤胃中的微生物来分解转化纤维素等物质供其吸收利用。在这种共生关系中，瘤胃为微生物提供了一个稳定的厌氧、中温（39～40℃）和偏酸性（pH5.5～7.0）的良好生态环境。而瘤胃中生活着大量专性厌氧的细菌和以纤毛虫为主的原生动物，则通过它们各自的代谢活动，将纤维素、半纤维素、淀粉等大分子化合物迅速分解成乙酸、丙酸、丁酸等有机酸被动物吸收进入血液，成为反刍动物的养料。

（2）微生物与昆虫的共生　微生物与昆虫的共生关系表现为多种形式，并有较高的特异性。如切叶蚁与丝状真菌的共生，切叶蚁将地面的树叶切碎带回，并混以唾液和粪便等含氮物质，在窝内用其培养丝状真菌，并食取部分菌丝和孢子。这种共生对热带雨林地表的落叶转化为土壤有机质具有重要意义。

（3）微生物与海洋生物的共生　海洋中尤其是深海中的某些鱼类和无脊椎动物能与发光细菌建立一种特殊的共生关系。动物为细菌提供居住的环境和营养，而细菌的发光在全黑暗的深海生境中帮助动物发现饵料、威慑敌人、逃避捕食或作为联络信号。

三、拮　抗

拮抗是指一种微生物在其生命活动过程中产生一些代谢产物或改变环境条件，从而抑制其他微生物的生长繁殖，甚至杀死其他微生物的现象。根据拮抗作用的选择性，拮抗关系可分特异性拮抗关系和非特异性拮抗关系两种。

特异性拮抗关系是指某种微生物产生抗菌性物质，对另一种（或另一类）微生物有专一性的抑制或致死作用。例如青霉菌产生青霉素对 G^+ 有致死作用；多黏芽孢杆菌产生多黏菌素杀死 G^-。

非特异性拮抗关系是指某种生物产生的代谢产物仅仅改变其生长的环境（如渗透压、酸度等变化），导致不适合其他微生物生长。此类抑制作用没有专一性，不针对某一类微生物。如在酸菜、泡菜和青贮饲料的制作过程中，由于乳酸菌的旺盛繁殖，产生大量乳酸导致环境变酸，而使绝大多数不耐酸的微生物不能生存。

微生物之间的这种关系在卫生保健、食品保藏、食品发酵和动、植物病害防治等方面都起着重大的作用。

四、寄　生

寄生是一种生物生活在另一种生物的表面或体内，并对后者产生危害的相互关系。在这一关系中，前者从后者的细胞、组织或体液中取得营养，称为寄生物，后者被前者寄生而称为寄主。

1. 微生物间的寄生　在微生物中，噬菌体寄生于细菌，真菌病毒寄生在真菌体内。此外，细菌与真菌，真菌与真菌之间也存在着寄生关系，如土壤中存在一些溶真菌细菌，它们可侵入真菌体内，造成真菌菌丝溶解。木霉可寄生于丝核菌的菌丝内。

2. 微生物与植物间的寄生　能寄生于植物的病毒、细菌、真菌和原生动物都属于植物病原微生物。在一般条件下，它们只引起植物生长的失调，并降低其在生态环境中的生活和竞争能力，但严重时则会导致植物受损、大幅度减产等。如造成植物叶组织坏死而形成枯斑；分泌果胶酶和纤维素酶可使植物组织和细胞解体而溃疡和腐烂；气孔或输导组织被病菌侵染后可导致萎蔫和枯萎；叶绿素合成代谢的破坏则造成植株枯黄；病原菌产生的吲哚乙酸等生长素类物质可使局部组织细胞过度增生而产生畸形、树瘿等特殊形态。

3. 微生物与动物间的寄生　动物病原微生物能在人体或动物体内寄生，引起寄主致病或死亡。如果它们寄生于人和有益动物体内，则对人类不利；如果寄生于有害动物体内，则对人类有利，可加以利用。

五、捕　　食

捕食是一种微生物直接吞噬另一种微生物的关系。在自然界中，捕食关系是微生物中的一个引人注目的现象。主要的细菌捕食者是原生动物，它们吞噬数以万计的细菌，明显影响着细菌种群的数量。另外，黏细菌也直接吞噬细菌、藻类、霉菌和酵母菌。捕食关系在控制种群密度，组成生态系统食物链中，具有重要意义。

第三节　微生物在自然界物质循环中的作用

在自然界物质循环中，微生物是主要的推动者。一方面通过绿色植物和自养微生物合成各种有机物，这是无机物的有机化过程。另一方面，自然界中有机质通过生物的分解作用转变成无机物质，这是有机质的矿化过程。有机质的矿化过程主要是由微生物完成的。据统计，世界上的有机物95％以上是通过微生物矿化的。如果没有微生物的作用，自然界各类元素及物质，就不可能周而复始地循环，自然界的生态平衡就不可能保持，人类社会也将不可能生存发展。

一、微生物在碳素循环中的作用

（一）自然界中的碳素循环

碳元素是组成生物有机体最主要的组分，约占有机物干重的50％。自然界中碳元素以 CO_2、碳酸盐、有机碳等多种形式存在。碳素循环包括 CO_2 的固定和 CO_2 的再生（图6-2）。植物和微生物通过光合作用或化能自养作用固定 CO_2，合成有机碳化物，进而转化为各种有机物，植物和微生物进行呼吸作用获得能量，同时释放出 CO_2。动物以植物和微生物为食物，通过呼吸作用释放 CO_2。动物、植物、微生物尸体等有机碳化物被微生物分解产生 CO_2、CH_4 等，从而完成碳循环。微生物不仅参与了 CO_2 的固定，也参与了 CO_2 再生。

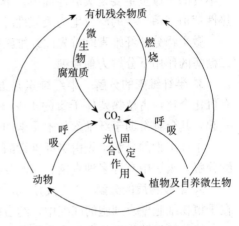

图6-2　自然界中的碳素循环

（二）微生物对碳水化合物的分解

植物残体中的葡萄糖、果糖和有机酸等，被水浸出之后，进入微生物细胞，参与有关代谢过程。复杂的多糖如纤维素、淀粉及半纤维素等，先经微生物胞外酶水解，产生简单的双糖（如蔗糖、麦芽糖）和单糖，再进入微生物细胞，实现其分解转变过程。

1. 淀粉的分解　能分解淀粉的微生物种类很多，其中包括各种细菌、放线菌和真菌；真菌中的曲霉、根霉和毛霉等分解淀粉的能力较强。各种微生物分解淀粉通过两种方式。一种是在磷酸化酶的作用下，将淀粉的葡萄糖分子一个一个地分解下来；另一种是在淀粉酶的作用下，先水解成为糊精，再由糊精水解生成为麦芽糖，麦芽糖再在麦芽糖酶的作用下水解成葡萄糖。前一种方式是微生物分解利用淀粉的普遍方式，后一种是一些水解淀粉能力特别强的微生物所特有的方式，如酿造上糖化菌分解淀粉的方式属于后一种。微生物分解淀粉产生的葡萄糖是微生物的碳源和能源物质。

2. 纤维素的分解　纤维素是大分子有机化合物，占植物残体干重的20％～40％，较难分解。已知能分解纤维素的微生物有真菌、放线菌、无芽孢细菌与芽孢细菌等。分解纤维素的好氧性细菌，主要有生孢食纤维菌、嗜纤维菌属、纤维单胞菌属、纤维弧菌属等。分解纤维素的厌氧细菌有醋弧菌属、拟杆菌属、梭菌属和瘤胃球菌属等。许多真菌是强有力的纤维素分解菌，在木材腐朽中起着重要作用。

土壤中分解纤维素的微生物分布极为广泛，不同土壤中的优势菌种类不一。通气良好的中性或碱性土壤中主要是好氧性细菌，酸性土壤中是真菌。通气不良的土壤里主要是厌氧性细菌；干燥土壤中是放线菌。堆、厩肥里多为好热性芽孢细菌。牛的瘤胃里为厌氧性纤维素分解细菌。

微生物分解纤维素时首先以纤维素酶水解纤维素产生纤维二糖，再在纤维二糖酶的作用下分解为葡萄糖。

3. 半纤维素的分解　半纤维素是五碳糖、六碳糖和糖醛酸组成的大分子有机化合物，占植物残体干重的 10%～20%，并常同纤维素与木质素结合在一起，其分解有助于纤维素与木质素的快速降解。

半纤维素的分解是先由半纤维素酶水解为若干单糖，然后再进行氧化与发酵分解。土壤中有许多种真菌、细菌和放线菌都能分解半纤维素。

4. 果胶物质的分解　果胶物质是由半乳糖醛酸组成的大分子化合物，存在于植物细胞壁及细胞的间隙中，约占植物干重的 1%。

能分解果胶物质的微生物有细菌，如枯草芽孢杆菌、多黏芽孢杆菌、浸麻芽孢杆菌、软腐欧氏杆菌、蚀果胶梭菌和费地浸麻梭菌等；霉菌，如青霉、曲霉、芽枝霉也能分解果胶物质。果胶降解所得的半乳糖醛酸再进一步进行氧化与发酵分解。

麻类植物脱胶就是利用微生物有分解果胶类物质的能力而没有分解纤维素的能力，从而将果胶类物质分解掉，将纤维完好地脱离出来。微生物分解果胶脱胶的方法通常有水浸或露浸两种。水浸法利用厌氧性细菌的果胶分解作用；露浸法利用好氧性的细菌、放线菌或真菌的果胶分解作用。

二、微生物在氮素循环中的作用

（一）自然界中的氮素循环

自然界的氮素以分子态（N_2）、无机态（铵盐和硝酸盐等）和有机态（蛋白质和核酸等）存在。只有少数原核微生物能够直接利用分子态氮，土壤中的有机态氮只有通过转化才能被植物利用。植物能够直接吸收同化的铵盐和硝酸盐在土壤含量甚微，需要不断补充才能使植物生长良好。氮是限制植物生长的主要营养元素，农业生产中氮素的来源一方面是氮肥，另一方面是通过氮素的循环转化（图 6-3）。

（二）生物固氮作用

在生物体内，由固氮微生物将分子态氮还原为氨的过程称为生物固氮作

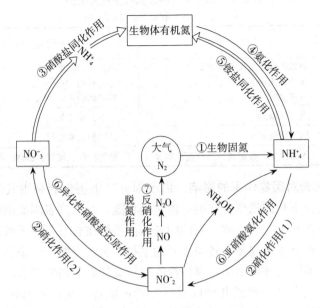

图 6-3　自然界中的氮素循环

用。据估计全球每年由生物固定的分子态氮达 1.22 万～1.75 万 t，相当于工业固氮量，对农业生产具有重大意义。

1. 固氮微生物　将具有固氮功能的微生物称为固氮微生物。目前已报道固氮微生物多达 100 余属，根据其与植物的关系，将固氮作用分为 4 种类型（表 6-2）。

2. 生物固氮过程　生物固氮作用是一个还原过程，其总反应式如下：

$$N_2 + 8H^+ + 8e^- + (18\sim24)\ ATP \rightarrow 2NH_3 + H_2 +$$
$$(18\sim24)\ ADP + (18\sim24)\ Pi$$

在固氮过程中需要消耗大量还原力，每还原 1 分子 N_2，需要 8 个氢离子（质子），同时产生 H_2。由于 N_2 具有能量很高的三键，要打开它需要大量的能量——ATP，同时要在固氮酶的催化下，反应才能顺利进行。

固氮酶由两部分组成。组分 Ⅰ 为钼铁蛋白，络合氮分子，并使其还原为氨，是直接催化固氮的组分。组分 Ⅱ 为铁蛋白，不直接和氮分子发生联系，它可激活电子、传递电子，并使固氮酶还原。固氮酶对氧极其敏感，所以固氮需要有严格厌氧的微环境。固氮时还需要有 Mg^{2+} 的存在。

表6-2　固氮类型和固氮微生物的类型

(微生物学．李阜棣，胡正嘉．2000)

类　型	固氮微生物	固氮生境
共生固氮	根瘤菌属、慢生根瘤菌属 弗兰克氏菌属 鱼腥藻属	豆科植物根瘤 非豆科植物根瘤 蕨类植物小叶内
内生固氮	固氮弧菌属	禾本科植物根内
联合固氮	固氮螺菌属	植物根表和根际
自生固氮	固氮菌属、梭菌属、类芽孢杆菌属	植物根际、堆肥、苗床、沼气池

3. 土壤因素对固氮作用的影响　由于固氮微生物也能利用其他化合态氮源，固氮作用并不是固氮微生物的必需生理功能，所以许多固氮微生物的生活条件和固氮条作并不完全一致。有的固氮细菌虽然在有氧条件下可以生活，但只能在缺氧条件下才能固氮。各类固氮微生物生长发育的一般条件是其本身所具有的共性，不同的种类由于生理特性的差异又各有不同的要求，这就决定了在特定环境中只有某一种或几种固氮微生物占优势。在诸种因素中，C/N和氧气对各种固氮微生物都有非常重要的影响。

（1）土壤C/N对固氮作用的影响　光能自养型固氮微生物可以自己合成碳水化合物为固氮作用提供碳源和能源；而化能异养型固氮微生物只有当环境中有丰富的、可利用的碳水化合物和缺少化合态氮时，才能进行固氮。土壤中如果化合态氮很丰富，一方面固氮微生物将利用现成的氮化物，固氮作用受到抑制；另一方面非固氮微生物大量生长繁殖，与固氮微生物竞争碳源和能源。因此只有在C/N很大情况下，化能异养固氮微生物才能发挥作用。

（2）氧气对固氮作用的影响　土壤气相是一种复杂体系，同时具备有氧和缺氧条件，因此土壤中同时存在需氧和厌氧微生物。它们在土壤中的分布受氧气状况影响，但在同一部位，由于需氧性微生物的活动，可为厌氧性固氮微生物生命活动创造条件。实际上，在低氧分压条件下，更有利于一些需氧性固氮微生物生长并发挥固氮作用。

（三）氨化作用

蛋白质、尿素、核酸等含氮有机质通过各类微生物分解产生氨的作用称为氨化作用。

1. 尿素的氨化　尿素是农业生产中的重要氮素肥料，也是土壤氮素的来源之一。尿素在尿酶作用下，先水解为碳酸铵，它很不稳定，易分解为二氧化碳与氨。

$$(NH_2)_2CO + 2H_2O \longrightarrow (NH_4)_2CO_3 \rightarrow 2NH_3 + CO_2 + H_2O$$

　　土壤里许多种微生物能产生尿酶，水解尿素产生氨。尿酶活性强的细菌称为尿细菌，如尿八叠球菌、尿微球菌、汉氏八叠球菌、巴氏芽孢杆菌等。

2. 蛋白质的氨化　蛋白质被微生物分解时，先由蛋白酶水解为肽与二肽，再在肽酶作用下，进一步水解为单个氨基酸，氨基酸经过脱氨作用产生氨。

　　分解蛋白质产生氨能力强的微生物称氨化微生物。土壤中常见的氨化微生物有无芽孢细菌，如荧光假单胞杆菌、普通变形菌、大肠杆菌等；芽孢杆菌，如枯草芽孢杆菌、蕈状芽孢杆菌、马铃薯杆菌、巨大芽孢杆菌等。

（四）硝化作用

微生物将铵态氮氧化成硝酸氮的过程称为硝化作用。此反应必须在通气良好、pH 接近中性的土壤或水体中才能进行。硝化过程包括两个阶段：

第一阶段，由亚硝酸细菌将氨氧化为亚硝酸：

$$2NH_3 + 3O_2 \rightarrow 2HNO_2 + 2H_2O + 能量$$

亚硝酸细菌主要有 4 个属，即亚硝酸单胞菌属、亚硝酸球菌属、亚硝酸螺菌属和亚硝酸叶菌属。

第二阶段，由硝酸细菌将亚硝酸氧化为硝酸：

$$2HNO_2 + O_2 \rightarrow 2HNO_3 + 能量$$

硝酸细菌主要有 3 个属，即硝酸杆菌属、硝酸刺菌属和硝酸球菌属。

硝化作用对于农业生产和环境保护具有重要意义。氨氧化为硝酸以及大量的硝态氮化肥为作物生长提供氮素营养，有利于产量的提高。但是硝酸盐的溶解性强，容易随雨水而流失。硝态氮肥料的利用率在 40% 以下，大大降低了肥料的利用率。硝酸盐向水体迁移，引起水体的富营养化，进而导致水华或赤潮等严重污染事件的发生。

　　水、土壤中的硝态氮过高，而植物的生长又受到不良环境（如干旱，荫蔽和多云天气）限制时，植物中会积累过多的硝酸盐，硝酸盐含量过高的植物在青贮过程中会被反硝化细菌还原为 NO_2^-，并形成有毒气体在青贮窖中积累，人、畜吸入后，严重者可以致死。

（五）反硝化作用

微生物还原硝酸盐为气态氮化物（N_2O、N_2）的过程称为反硝化作用。N_2O 或 N_2 向空中弥散，可引起土壤氮素损失，又称为脱氮作用。一些化能异氧微生物和化能自养微生物可进行反硝化作用，如地衣芽孢杆菌、脱氮副球菌、脱氮硫杆菌等。反硝化作用一般发生在 pH 中性至微碱性的厌氧条件下，多见于淹水土壤或死水塘中。

　　反硝化作用对农业生产会产生不利影响。在有硝酸盐存在而且缺氧时，会发生反硝化作用。如在厩肥和堆肥的制作过程中，如果时干时湿，就会引发反硝化作用，因为干时通气性好，硝化作用旺盛，会产生大量硝酸；而湿时由于通气不良会引起旺盛的反硝化作用，从而失去大量的氮素。因此，制作有机肥料时应压紧保存以防硝化细菌活动而造成氮素损失。另外，农业生产中要采取正确的耕作栽培制度，加强田间管理，使土壤疏松，以防反硝化作用的发生。

三、微生物在硫、磷、钾等元素循环中的作用

（一）微生物在硫素循环中的作用

硫是生物体内某些氨基酸、维生素和辅酶的重要营养元素。自然界的硫素主要以元素硫、硫化物、硫酸盐、亚硫酸盐和有机硫等形式存在。植物、藻类和异养生物一般只能利用硫酸盐，其他形态的硫需要经过适当的转化，才能被吸收利用，硫的转化大多由微生物来完成。

1. 有机硫化物的分解　在自然界中，有机硫化物主要以蛋白质中的含硫氨基酸、硫胺素和生物素等形式存在。微生物在降解蛋白质等化合物的同时，也完成了有机硫的分解。在厌氧条件下产生硫化氢，释放到环境中。

2. 硫化作用　硫化氢、元素硫或硫化亚铁等可被硫化细菌进一步氧化为硫酸盐，这一过程称为硫化作用。能进行硫化作用的微生物有两类：一类是无色硫细菌，包括化能自养的硫杆菌属、发硫菌属和贝氏硫菌属，以及一些异养的细菌、放线菌和真菌等。另一类是具有光合色素的、光能自养的硫细菌，如红硫菌和绿硫菌等。

3. 反硫化作用　一些微生物在厌氧条件下，将硫酸盐作为无氧呼吸的受氢体而还原为硫化氢，这一过程称为反硫化作用。常见的有脱硫弧菌属和脱硫肠状菌属。反硫化细菌在水稻秧田中过度生长时，会因积累硫化氢而导致水稻烂秧。

（二）微生物在磷素循环中的作用

磷是植物三大营养元素之一。土壤含磷较多，而能为植物直接利用的却极少，绝大部分呈不溶性的无机与有机磷化物状态存在，植物难以利用。施用磷肥虽能满足植物对磷的需要，但磷在土壤里易发生形态上的改变，利用率很低。各种无效形态的磷化物可以在微生物的作用下转变为植物可利用的养料。

1. 有机磷转化成溶解性无机磷　来源于动、植物和微生物有机残体的核酸、卵磷脂和腐植酸等有机磷化物，可由土壤和根际中许多微生物，如芽孢杆菌及假单胞菌等合成的磷酸酯酶分解，产生易溶性磷酸盐，供植物吸收利用。

2. 不溶性无机磷变成溶解性无机磷　在土壤中无机磷化物主要以 $Ca_3(PO_4)_2$ 形式存在。土壤中某些微生物在其生命活动过程中，产生的碳酸、有机酸、磷酸和硫酸等可使磷酸三钙转变为磷酸一钙，提高溶解性，供植物吸收利用。通常将使不溶性无机磷变为有效磷能力强的微生物称为溶磷微生物。

3. 溶解性无机磷变成有机磷　微生物解磷、溶磷产生的有效磷和使用的磷肥，一方面可供植物吸收利用，另一方面通过化学作用，也可转变为磷酸三钙（在石灰性土壤中）和磷酸铁、磷酸铝（在酸性土壤中）等不溶性磷。但是在一定条件下，它也能被微生物吸收同化为细胞物质，这就是有效磷的微生物固定。被固定的磷素在微生物死亡和被分解之后，又以有效态形式释放出来。

（三）钾的转化

钾是植物主要营养元素之一，土壤钾素含量较高，但 98％ 以长石、云母等难溶性矿物硅酸盐形式存在。由于矿物硅酸盐难溶于水，植物不能吸收利用，只有风化后释放出有效钾才能被植物利用。土壤中硅酸盐细菌（钾细菌）能产酸，对矿物硅酸盐的分解能力较强，释放出来的钾留存于土壤溶液中或被土壤胶体吸附，供植物吸收利用。

本章小结

微生物在自然界中分布十分广泛，其中土壤中的微生物数量最多，水域中的微生物次之，空气、农产品、正常人体和动物、极端环境中也都有微生物的分布。微生物与生物环境之间的相互关系主要有互生、共生、拮抗、寄生、捕食5种。

在自然界物质循环中，微生物是主要的推动者，参与自然界中碳素、氮素、硫素和磷素等物质循环。微生物不仅参与了 CO_2 的固定，也参与了 CO_2 再生；微生物可通过生物固氮作用将分子态氮转变为植物可利用的状态，并通过氨化作用、硝化作用、反硝化作用参与氮素循环。微生物在自然界物质转化中起着重要的作用。

复习思考题

1. 为什么说土壤是微生物生活的"大本营"和人类的"菌种资源库"？
2. 什么是根际微生物？它们的生命活动对植物有何影响？
3. 举例说明微生物之间的相互关系。
4. 试述生物固氮的意义，土壤对生物固氮有哪些影响？
5. 什么是氨化作用、硝化作用、反硝化作用？反硝化作用对农业有何不利影响？
6. 试述微生物在碳、氮、硫、磷等元素循环中的作用。

第七章 微生物在农业上的应用

学习目标

1. 掌握微生物在农药、肥料、饲料中的应用。
2. 理解微生物在能源、环境保护中的应用。
3. 了解微生物在现代生物技术中的应用。

第一节 微生物农药

微生物农药是利用微生物及其代谢产物防治植物病害、虫害及杂草的制剂。一般分为微生物杀虫剂、微生物杀菌剂和微生物除草剂。微生物农药选择性强，对人畜和天敌安全，病虫和杂草不易产生抗药性，易于分解且不污染环境，是公认的"无公害农药"。

一、微生物杀虫剂

微生物杀虫剂主要包括细菌杀虫剂、真菌杀虫剂和病毒杀虫剂。

（一）细菌杀虫剂

目前已报到的昆虫病原细菌分属于 90 多个种和亚种，大多来源于芽孢杆菌科、假单胞菌科和肠杆菌科。已作为大规模生产并投入使用的有苏云金芽孢杆菌和日本金龟子芽孢杆菌。

1. 苏云金芽孢杆菌 苏云金芽孢杆菌，简称 Bt，是开发时间最早、用途最广、产量最大、应用最成功的细菌杀虫剂。其杀虫范围很广，对鳞翅目、双翅目、膜翅目、鞘翅目、直翅目中的 4 000 多种昆虫都有毒杀作用，而且各亚种、各菌株所毒杀的昆虫对象不完全相同。

我国于 1950 年引进苏云金芽孢杆菌，以后又相继分离出杀螟杆菌、青虫菌、松毛虫杆菌和 140 杆菌等。

（1）苏云金芽孢杆菌形态及培养特征 菌体大小 $1.0 \sim 1.2 \mu m \times 3.0 \sim$

5.0μm，两端钝圆，G$^+$，周生鞭毛，运动或不运动，单生或形成短链。芽孢椭圆形或圆形，直径小于菌体宽度，在形成芽孢的同时，在孢囊内还形成菱形或正方形的伴孢晶体，孢囊破裂后放出游离的芽孢和伴孢晶体。苏云金芽孢杆菌是好氧性细菌，对营养条件要求不严格，能利用多种碳源和氮源。

（2）苏云金芽孢杆菌的毒素及致病机理　苏云金杆菌可产生多种具有杀虫活性的毒素，如δ-内毒素、α-外毒素、β-外毒素、γ-外毒素等。不同亚种的菌株产生的毒素种类和性质不同，其杀虫谱也不同。

伴孢晶体又称δ-内毒素，是一种主要的毒素，其成分是蛋白质。完整的伴孢晶体并无毒性，当敏感昆虫吞食含伴孢晶体和芽孢的混合制剂后，其肠道中碱性肠液使伴孢晶体水解产生毒性肽，毒性肽首先作用于中肠的上皮细胞，使上皮细胞剥落、肠壁穿孔，芽孢侵入血腔，萌发并大量繁殖，同时肠液也进入血腔，使幼虫患败血症而死亡。

昆虫中毒后表现的症状为：食欲减退、停食、行动迟钝、上吐下泻，1～2d后死亡。死后虫体软化、变黑，腐烂发臭。人、畜等哺乳动物消化道中胃液pH呈酸性，不具备水解伴孢晶体的条件，故不会中毒。

（3）苏云金芽孢杆菌制剂的生产和应用　苏云金杆菌制剂生产方式有液体深层培养、固体发酵和液体浅层培养。大规模生产主要采取液体深层培养，以黄豆、花生饼粉、棉子仁粉、玉米浆等农副产品为主要养料，每毫升发酵液活芽孢数可达20亿～150亿。发酵液的后处理方法随产品剂型而异，可直接分装成乳剂，也可在发酵液中加入适量的碳酸钙和滑石粉等填充剂，经板框过滤后制成匀浆，再经喷雾干燥制成粉剂。

Bt杀虫剂可采取喷雾、喷粉、泼浇、撒毒土的方式防治害虫。大面积应用苏云金杆菌防治的害虫主要有菜青虫、小菜蛾、稻苞虫、稻纵卷叶螟、棉造桥虫、玉米螟、茶毛虫、松毛虫等。由于蚕对Bt非常敏感，故在养蚕地区要谨慎使用Bt制剂。万一误喷，用0.3％漂白粉处理3min即可解除毒性。

2. 金龟子芽孢杆菌　金龟子芽孢杆菌是金龟子幼虫（蛴螬）的专性病原菌。金龟子芽孢杆菌被蛴螬吞食后，在中肠内萌发，生成营养体，穿过肠壁进入体腔，迅速繁殖，破坏各种组织。在幼虫患病后期，血淋巴中形成大量的芽孢，因芽孢有较强的折光性，使血淋巴呈现不透明的白垩色，患病和死亡幼虫外观变为乳白色，又称为乳状病。

该杀虫剂能使50余种金龟子幼虫致病，芽孢在土壤中能长期存活，染病死亡后的幼虫又释放出更多的芽孢，而且能随染病的幼虫自然传播到附近地区，故能控制金龟子幼虫的危害，且具有长期的防治效果。

金龟子芽孢杆菌在人工培养基中不生长或微弱生长，目前都是采用幼虫活体培养的方法制备菌剂。

(二) 真菌杀虫剂

真菌杀虫剂在国内外广泛应用于农业害虫的生物防治。目前已知有 800 多种真菌能寄生于昆虫和螨类，导致寄主发病和死亡。其中以白僵菌、绿僵菌应用较多。与其他微生物杀虫剂相比，真菌杀虫剂具有类似某些化学杀虫剂的触杀性能，并具广谱的防治范围、残效长、扩散力强等特点。

1. 白僵菌 白僵菌是一种广谱性寄生真菌，能侵染鳞翅目、鞘翅目、直翅目、膜翅目、同翅目等昆虫，由该菌引起的病占昆虫真菌病的 21%。

(1) 白僵菌形态特征及生理特性 白僵菌属半知菌亚门白僵菌属，有球孢白僵菌、卵孢白僵菌和小球孢白僵菌 3 个种。我国主要应用的是球孢白僵菌。

球孢白僵菌菌丝细长，无色透明，直径 $1.5 \sim 2.0 \mu m$，有隔膜。菌落平坦，前期绒毛状，后期呈粉状，表面白色至淡黄色。分生孢子梗多次分叉，聚集成团，呈花瓶状。分生孢子球形，着生于小梗顶端（图 7-1）。

图 7-1 白僵菌形态
1. 菌丝 2. 分生孢子 3. 节孢子

白僵菌的生长温度为 $5 \sim 35℃$，在 $22 \sim 26℃$，相对湿度 95% 以上，最适于菌丝生长，30℃ 以下，相对湿度低于 70%，有利于分生孢子产生，而孢子萌发要求相对湿度 95% 以上。

白僵菌属好氧性微生物，培养菌种时，最好用固体培养。白僵菌在培养基上可保持 $1 \sim 2$ 年，在低温干燥条件下可存活 5 年，在虫体上可维持 5 个月。

(2) 白僵菌的致病机理 分生孢子在适宜条件下接触虫体，萌发长出芽管，分泌几丁质酶，溶解虫体表皮侵入体内，或由气门进入。菌丝侵入虫体后大量繁殖，形成许多长筒形孢子。筒形孢子和菌丝弥漫在血液里，影响血液循环。病原菌大量吸取体液和养分，分泌白僵菌素破坏组织，产生的代谢产物，如草酸盐类在虫体血液中大量聚集，致使血液的 pH 下降，$2 \sim 3d$ 死亡。

死亡的虫体因菌丝大量吸收水分很快变得干硬，虫体披着白色茸毛，称白僵虫。病死的僵虫上产生的大量孢子又继续侵染其他虫体，如果条件适宜，会引起昆虫病害的流行。

（3）白僵菌的生产与使用　白僵菌对营养物要求不严，在以黄豆饼粉或玉米粉等为原料的固体培养基上生长良好，并形成分生孢子。培养物干燥后制成白僵菌制剂。

白僵菌菌剂主要用于防治松毛虫和玉米螟，尤其是在防治松毛虫时，白僵菌可作为环境因子，持续多年控制松毛虫的危害。

2. 绿僵菌　绿僵菌也是一种广谱杀虫真菌，其致病作用是靠分泌的腐败毒素 A、B 使昆虫中毒而死。绿僵菌的生产方式与白僵菌相似，但要求的培养温度、湿度较严格。主要用于防治地下害虫、天牛、飞蝗、蚊幼虫等。

（三）病毒杀虫剂

病毒杀虫剂具有宿主特异性强，能在害虫群体内流行，持效作用强等特点。我国研究者发现了 200 多种昆虫杆状病毒，已有 20 余种进入大田应用试验和生产示范，其中棉铃虫多角体病毒、斜纹夜蛾多角体病毒和草原毛虫多角体病毒等 3 种杀虫剂已进入商品化生产。

核型多角体病毒（NPV）是已发现的种类最多的昆虫病毒，病毒寄主包括鳞翅目、膜翅目、双翅目、鞘翅目、直翅目等。NPV 主要通过口器传染。被核多角体感染致死的幼虫是感染源，释放出大量多角体，但致病因素是病毒粒子，不是多角体。核多角体被活虫吞食后，被胃液消化，放出病毒粒子，侵入细胞核，在核内繁殖并形成多角体。

昆虫幼虫感染核多角体病毒后，食欲减退，行动迟钝，随后躯体软化，体内组织液化，白色或褐色体液从破裂的皮肤流出，一般从感染到死亡需 4～20d。病死的幼虫倒吊在植物枝条上，由于组织液化下坠，使下端膨大，这是寻找感染虫体的特征。

二、农用抗生素

农用抗生素是由微生物产生的对微生物、昆虫、植物等显示特异性药理作用的化学物质，是一种具有高度活性的微生物代谢产物。

农用抗生素易被分解，残留量低，对人畜安全，不污染环境，用药量小，便于运输。多数具有内吸性，对植物病害不仅有预防而且有治疗作用。现已广泛应用于植物病虫的防治。

我国农用抗生素的研究始于 20 世纪 60 年代初，目前已投产使用的品种有井冈霉素、齐螨素、中生菌素、农抗 120、阿维菌素、农用链霉素等。

（一）井冈霉素

井冈霉素产生菌是由上海市农药研究所于 1973 年从江西井冈山地区分离出的一株放线菌，命名为吸水链霉菌井冈变种。该菌菌丝分枝多，基内菌丝黄色至茶色，气生菌丝淡黄色，孢子丝多数螺旋形，少数柔曲至圈卷。孢子成熟后，菌落中部气生菌丝开始吸水自溶逐渐扩展形成黑色吸水斑。孢子椭圆形或卵形，表面光滑。

井冈霉素是一种弱碱性水溶性抗生素，纯品为白色粉末，吸湿性强，易溶于水和多种有机溶剂。井冈霉素是防治水稻纹枯病的特效药，纹枯病菌接触到井冈霉素后，菌丝顶端产生异常分枝而丧失致病力。其持效期可长达 15～20d，耐雨水冲刷。发酵效价高，应用成本低。

（二）齐螨素

齐螨素是一种抗生素类生物杀螨、杀虫剂。作用机制是干扰虫、螨的神经生理活动，刺激其释放 γ-氨基丁酸，对神经传导有抑制作用。对害螨和害虫有触杀和胃毒作用，对作物有渗透作用。对害虫害螨的致死速度虽比较慢，但杀虫谱广，持效期长，杀虫效果极好，对抗性害虫有特效。主要用于防治各种害螨及双翅目、同翅目、鞘翅目和鳞翅目等害虫。

（三）中生菌素

中生菌素由中国农业科学院生物防治研究所于 1990 年研究开发出来。其产生菌为淡紫灰链霉菌海南变种，有效成分是 N-糖苷类抗生素。对水稻白叶枯病、大白菜软腐病、苹果轮纹病、柑橘溃疡病和黄瓜细菌性角斑等细菌性病害具有良好的防治效果。

（四）农抗 120

农抗 120 由中国农业科学院生物防治研究所在 20 世纪 80 年代研制开发。其产生菌为刺孢吸水链霉菌北京变种，主要活性成分是碱性水溶性核苷类抗生素。农抗 120 抗菌谱较广，对防治瓜类枯萎病、小麦白粉病、芦笋茎枯病、苹果树腐烂病等真菌性病害具有较好的效果。

（五）阿维菌素

阿维菌素是由阿维链霉菌产生的一族结构相似的大环内酯类杀虫抗生素。其杀虫机理主要是造成虫体内生产大量的 γ-氨基丁酸，这种氨基酸对昆虫或螨的神经系统能产生抑制作用，使它们麻痹而死亡。

阿维菌素几乎抗所有与农业有关的线虫和节肢动物，特别是对螨类有很高的毒性，施用有效浓度低于目前商用杀螨剂的 50～200 倍。对多种危害农作物的害虫都有杀虫活性，杀虫范围包括鳞翅目、鞘翅目、半翅目、双翅目、膜翅目和同翅目的害虫。

三、微生物除草剂

微生物除草剂是利用寄主范围较为专一的植物病原微生物或其代谢产物，将杂草种群控制在危害水平以下的制剂。微生物除草剂有两类：一类是用杂草的病原微生物直接作为除草剂，如我国"鲁保一号"是利用专性寄生于菟丝子的黑盘孢目长孢属的真菌制成，防治农田杂草菟丝子的效果达到 $70\%\sim95\%$；美国利用棕榈疫霉的厚垣孢子液防治柑橘园的莫伦藤。另一类是利用微生物产生的对杂草具有毒性的次生代谢产物防除杂草，如放线菌酮能使水浮萍枯死，茴香霉素能使稗草幼根 $40\%\sim60\%$ 受抑。

第二节　微生物肥料

微生物肥料是一类含有活体微生物，应用于农业生产中，能够获得特定肥料效应的制品。微生物肥料是利用微生物的生命活动及代谢产物，改善植物养分供应，提高土壤肥力，从而达到促进植物生长，提高产量和质量的目的。

微生物肥料的种类很多，按照制品中微生物的种类分为细菌肥料、放线菌肥料和真菌肥料；按作用机理分为根瘤菌肥料、固氮菌肥料、磷细菌肥料、钾细菌肥料等。目前生产上常用的微生物肥料如表 7-1。

表 7-1　常用的微生物肥料及其作用

肥料类别	微生物	主要作用
固氮菌肥料	自生和联合固氮菌	固氮
根瘤菌肥料	根瘤菌	与豆科植物共生固氮
磷细菌肥料	巨大芽孢杆菌	解磷、溶磷，使土壤中无效磷转化为有效磷
钾细菌肥料	胶冻样芽孢杆菌	分解云母、长石等矿物，释放出钾等矿质元素
抗生菌肥料	细黄链霉菌	产生生长素抗病，分泌刺激素促进植物生长
光合细菌肥料	红螺菌	固氮，分泌氨基酸和核酸
菌根肥料	VA 菌根	协助植物吸收养分和水分
根际促生菌肥料	有益根际微生物	分泌植物促生物质

一、固氮菌肥料

（一）用于固氮菌肥料生产的主要菌种

固氮菌肥使用的菌种是除了根瘤菌以外的固氮菌，有自生固氮菌和联合固氮菌两类。自生固氮菌主要采用圆褐固氮菌、氮单胞菌、固氮芽孢杆菌。联合固氮菌使用固氮螺菌、阴沟肠杆菌、粪产碱菌和肺炎克氏杆菌。

（二）固氮菌肥料的生产

1. 液体培养 将固氮菌菌种接种到 Ashby 或 Dobereiner 无氮培养液，30～35℃振荡培养 3～5d，然后再接种到发酵罐进行培养。当发酵产品中有效活菌数达 $5.0×10^8$ CFU/ml，杂菌率在 5% 以下为合格，可进行吸附。按菌液与吸附剂 4∶1 的比例，将菌液混入已灭菌的吸附剂中拌匀。按成品含水量 25%～30% 计称重，装入灭菌塑料袋，封口后置阴凉处保存备用。若在冬季生产，产品可在 30～35℃培养室中堆放 2～3d，使细菌继续增殖，提高产品的含菌数。如在生产施用季节，吸附剂可不灭菌，吸附后即可施用。

2. 固体培养 把经摇床培养的固氮菌液体菌种用温水稀释，以 1% 的接种量接种到富含腐殖质的菜园土壤或非酸性的泥炭等吸附剂中。搅拌均匀，添加水，使基质含水量达 50%，而后放在木盆内，或堆成大堆，并置于温暖的室内培养几天，以促进固氮菌的繁殖。固氮菌剂中有效活菌数应该不低于 $5×10^7$ CFU/g。

（三）固氮菌肥料的施用技术

一般将固氮菌剂加少量清水与种子拌匀后即可施用。对于大田作物如棉花、玉米、小麦等，可先将菌剂与过磷酸钙、草木灰、水、细土及堆肥拌匀成为潮湿的小土块，与种子一起沟施到土中。如定植移苗时，可以用小土团法，把菌剂施于苗根部附近。用作追肥时，可用小土团法把菌剂与粪肥、饼肥混合施于植株附近，但不能与大量化学肥料直接混合，可先用粪肥混合后施于土中，然后再施化学肥料。除了拌种以外，还可以在作物拔节、抽穗、灌浆期用发酵液稀释后喷施于叶面，可取得一定效果。

二、根瘤菌肥料

根瘤菌肥料是通过大量繁殖优良根瘤菌而制成的微生物制剂，应用于农、牧业已有 100 多年历史，是目前应用最早、研究最深、应用最广的一种高效菌肥。

（一）根瘤菌的特征特性

根瘤菌是一类能固定空气中游离氮素的细菌，但必须侵入相应的豆科作物根内，形成根瘤后才能进行固氮。

1. 形态及培养特征 在培养条件下根瘤菌为短杆状，大小 $0.5～0.9\mu m×1.2～3.0\mu m$，无芽孢，$G^-$，端生一根鞭毛或周生 2～6 根鞭毛，能运动。根瘤中生活的菌体形态多变：在幼小根瘤中呈很小的短杆状，随着根瘤的发育，杆状菌体停止分裂，逐渐延长膨大或成分叉棒槌状、Y 状，这种变形的菌体称类菌体，至根瘤衰败阶段，类菌体崩解，形成许多小球状菌体（图7-2）。

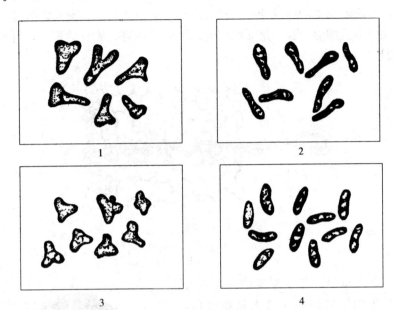

图7-2　类菌体的形态
1.Y状　2.槌状　3.星状　4.杆状

在固体培养基表面，菌落呈圆形，边缘整齐。有的菌落无色半透明（如豌豆、紫云英根瘤菌），有的乳白色、黏稠（如花生、大豆根瘤菌）。

根瘤菌有快生、慢生两种类型。快生型（如紫云英、苜蓿、三叶草等根瘤菌）接种后2d出现菌落，4～5d内菌落达到最大，较稀薄。慢生型（如苕子、大豆、花生等根瘤菌）接种3～4d才出现菌落，产生黏性较大的胶状物质。不论是快生型或慢生型根瘤菌，若生长速度变快，则菌株的结瘤性往往不好，是菌种退化的表现。

2. 生理特性　甘露醇、葡萄糖是根瘤菌最适宜的碳源，也可利用蔗糖、乳糖和糊精等；需要植物性氮素养料，在豆芽汁、马铃薯或酵母汁等培养基上生长良好。根瘤菌为好氧性微生物，生长的适宜温度为25～30℃，适宜pH为6.5～7.5。在生长过程上会产生酸，因此培养基中需加入碳酸钙以中和产生的酸。

（二）根瘤的形成及互接种族关系

1. 根瘤形成　根瘤菌在土壤中遇到适于它共生的豆科植物时，便在根周围大量繁殖并产生分泌物，使根毛尖端细胞壁软化，随之侵入根毛，在根毛中继续大量繁殖。由根瘤菌分泌的胶体物质和根毛细胞受刺激后产生的纤维素物质的相互作用，包围着细胞群，形成侵入线（图 7-3）。侵入线内的根瘤菌继续繁殖，并逐渐向根的内部伸展，直至内皮层或中柱鞘。刺激该处细胞加速分裂，形成许多新细胞，长大呈瘤状突起，形成了根瘤。成长的根瘤，可分为 4 部分（图 7-4）：

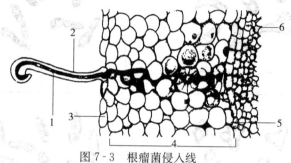

图 7-3　根瘤菌侵入线

1. 侵入线　2. 根毛　3. 表皮细胞
4. 皮层　5. 内皮层　6. 中柱鞘

（1）含菌组织　位于根瘤中部，为大型的薄壁组织，细胞内含有大量根瘤菌，并不断增殖发育，膨大为成熟的类菌体。由于含菌组织含有豆血红蛋白，故这部分呈浅红色。固氮作用就发生在这个组织内。

（2）根瘤皮层　在含菌组织的外围有 4～10 层细胞，不含根瘤菌。

（3）维管束系统　根瘤皮层中，一部分细胞分化成维管束组织，与豆科植物根部维管束连通，建立起根瘤菌与豆科植物间水分和养分的运输系统。

（4）分生组织　在根瘤的前端，有一堆小型细胞，保持着细胞活跃分裂和生长作用，形成新的细胞，增加含菌组织，使根瘤不断长大。

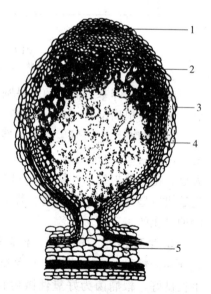

图 7-4　根瘤的结构

1. 分生组织　2. 根瘤皮层
3. 维管束系统　4. 含菌组织　5. 根细胞

根瘤的生长受植物本身发育的限制，一年生豆科植物多在幼苗长出二、三片真叶时，主根上开始出现根瘤，并逐渐在侧根上形成。开花以后，根瘤停止发育。成熟时，根瘤开始腐败。根瘤形成愈早，固氮效率愈高。

2. 互接种族关系　根瘤菌具有很强的专一性。一种根瘤菌只能与一定的豆科植物建立共生关系。如豌豆根瘤菌只能在豌豆、蚕豆、苕子等植物根上形成根瘤。这样便形成了所谓"互接种族"关系。在同一互接种族内，可以互相利用其根瘤菌接种形成根瘤，在不同互接种族之间则不能互相接种形成根瘤。

（三）根瘤菌肥料的生产

目前根瘤菌肥料的生产主要采用液体发酵罐培养。发酵周期因菌种而异，一般来说，生长速率较快的根瘤菌种，如苜蓿、豌豆、三叶草、菜豆、紫云英根瘤菌的发酵周期为48～72h，生长速率较慢的根瘤菌，如花生、大豆、豇豆根瘤菌的发酵周期为72～120h。无论是哪一种类型的根瘤菌，发酵后期的有效活菌数不得低于 $3.0 \times 10^9 CFU/ml$。

经检查确定合格的根瘤菌才能用吸附剂吸附。常用的吸附剂有草炭、蛭石、珍珠岩。根瘤菌肥料有普通草炭粉剂、液体瓶装剂型、液体矿油剂型、冷冻干燥剂型和颗粒剂型。

草碳根瘤菌剂可在12℃以下的冷库中保存，一般保存期为半年。在25℃以上的高温下，活菌数下降很快。

（四）根瘤菌肥料的施用

1. 施用方法　主要是采用种子拌种，使用时要做到随拌、随播、随盖。于播种当天，先将所需菌肥（用量 $1.5 \sim 4.5 kg/hm^2$）盛入干净容器，加凉水调成浆状，把种子倒入拌匀，使每粒种子都沾到菌浆后，在阴凉处摊开，稍加晾干，随即播种，及时盖土。

丸衣化接种法是将种子、菌肥、黏附剂（如甲基纤维素）石灰和磷肥制成丸衣化的种子。丸衣化种子可适用于大面积飞机播种。

2. 施用效果　用根瘤菌肥料拌种可提高豆科作物产量。一般可使豆科绿肥增产 $12\% \sim 67\%$，花生增产 15% 左右。特别是在种植豆科作物的新区，因原来土壤中缺少根瘤菌，施用根瘤菌肥料后效果更显著。在种植豆科植物的老区，施用优质菌肥也可增产。

三、复合微生物肥料

复合微生物肥料是将两种或两种以上的微生物或一种微生物与其他营养物质复配而成。虽然这类肥料出现时间较短，但它集有机肥、化学肥料和微生物肥料的优点于一体，产品种类较多，市场份额在不断增加。

（一）菌与菌复合的微生物肥料

菌与菌复合的微生物肥料可以是同一个微生物菌种复合，如大豆根瘤菌的不同的菌系（或血清组、DNA 同源组）分别发酵，吸附时混合，在不同地区使用；也可以是不同的微生物菌种，如固氮菌、解磷菌和钾细菌分别发酵，达到所要求的活菌数后，再按一定的比例混合吸附，使用时效果优于单菌株接种。采用的两种或两种以上的微生物复合，其间必须无拮抗作用。

（二）菌与其他营养物质复合的微生物肥料

微生物肥料也可以与其他营养物质进行复配，如菌＋大量元素（氮、磷、钾）；菌＋微量元素；菌＋稀土元素；菌＋植物生长激素等。无论是哪一种复配方式，必须考虑到复配后肥料的 pH 和盐浓度对微生物有无抑制作用，或复配物本身是否抑制微生物。

（三）复合微生物肥料的生产与使用

生产复合微生物肥料时，由于不同种类的微生物所需要的营养、生长条件各不相同，因此要分别发酵，然后混合。对于菌与营养物质的复合，必须符合国家有关标准，标注营养和实际成分一致。

复合菌肥制成后，最好立即使用，越新鲜效果越好。复合菌肥的施用方法与化肥相似，做追肥、基肥均可，适合于多种类型的土壤，在多种大田作物（小麦、玉米、水稻、甘薯、棉花等）、多种果树（苹果树、桃树等）、各类蔬菜及花卉上施用，具有显著的增产增收、改进农产品品质的作用。

复合微生物肥料具有一些综合功效或累加效果，因此种类肥料适应作物种类和使用区域较广，但需科学、合理、有目的地复合，开发出高效且稳定的复合菌肥。

四、菌根菌肥料

菌根是土壤中某些真菌侵染植物根部与其形成的共生体。能够和植物共生形成菌根的真菌称为菌根菌。菌根菌对宿主的生长是有益的，有些甚至是必需的，有些已制成肥料在生产中应用。

菌根菌种类较多，常见的是 VA 菌根菌。VA 菌根是由接合菌亚门内囊霉科中的真菌与植物根形成的泡囊——丛枝状菌根，这是一类存在最广泛的菌根。能形成 VA 菌根的真菌有巨孢囊霉属、无梗孢囊霉属、球孢囊霉属、硬囊霉属。

VA 菌根菌不能在人工培养基上进行纯培养，但 VA 菌根菌具有广谱宿主性，至少可以与 200 个科、20 万种以上的植物共生。生产上利用番茄、玉米等植物培养大量的 VA 菌根，然后以这些侵染了 VA 菌根菌的植物根段和有大量活孢子的根际土作为肥料，接种到名贵花卉、苗木、药材和经济作物根部，均显示了较好的应用效果和前景。

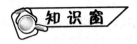

光合细菌肥料

　　利用光能作为能源的细菌统称为光合细菌。光合细菌的种类较多，与生产应用关系密切的主要是红螺菌科的一些属、种。利用光合细菌生产的肥料是一种优质的微生物肥料，对农业生产有着重要作用。光合细菌肥料具有以下作用：①有固氮能力，提高土壤氮素；②促进土壤物质转化，改善土壤结构，提高土壤肥力；③产生氨基酸、维生素、碱基等生理活性物质，改善作物营养，促进根系发育，提高光合作用和生长能力；④含有抗细菌、病毒物质，可钝化病原菌致病力，抑制病原菌生长；⑤能降解农残，促进污染物的转化。

　　光合细菌肥料生产工艺较为简单，我国常用玻璃或透明性好的塑料桶进行三级或四级扩大培养。生产的光合细菌肥料一般为液体，用于农作物的底肥或拌种、叶面喷施、秧苗蘸根等。

第三节　微生物饲料

　　微生物饲料是指在人工控制条件下，通过微生物自身的代谢活动，将植物性、动物性和矿物性物质中的营养物质分解、合成，产生易被畜禽采食、消化吸收的饲料。

　　微生物发酵饲料通过微生物直接饲喂或利用微生物对粗饲料进行发酵，分解木质素、纤维素等难以降解的有机物，为饲料提供大量的菌体蛋白，改善饲料的口味。同时发酵过程中还可产生抑菌物质，抑制动物病原微生物的生长，一些有益微生物可作为非特异免疫调节因子，提高畜禽免疫功能。微生物发酵饲料具有原料来源广、成本低、适口性好、消化率及营养价值高等特点。

一、秸秆微贮饲料

　　秸秆微贮饲料是指在农作物秸秆中加入微生物活性菌种，经过发酵使农作物秸秆变成带有酸、香、酒味，营养丰富，适口性好的饲料。微贮饲料可用来饲喂牛、羊等反刍家畜，降低饲养成本。

（一）微贮原理

　　在微贮过程中，首先发酵菌在适宜的厌氧条件下，分解纤维素和木质素，转化为糖类，其次是酵母菌和乳酸类细菌将糖类转化为乳酸、乙酸和丙酸，使

pH 降到 4.5～5.0，抑制了腐败菌的繁殖。同时将饲料中的某些成分合成为蛋白质、氨基酸、维生素、有机酸、醇等营养价值较高的物质，使微贮饲料带有甜、酸、香味。发酵过程还能使秸秆中的半纤维素-木聚糖链和木质素聚合物的酯键发生酶解，增加秸秆的柔软性和膨胀度，使瘤胃微生物直接与纤维素接触，从而提高了秸秆的消化率。

（二）微贮方法

1. 建窖 窖要选在地势高且干燥，离畜舍近的地方建造。圆形窖一般直径 2m，深 3m；方形窖长 3.5m、宽 1.5m、深 2m。旧窖使用前应清扫干净。

2. 菌剂选择 发酵的关键是选择好菌种。一般选用干粉发酵剂或从牛瘤胃提取液中分离纯化优良菌种。

3. 菌剂活化 将干菌剂溶于温水或 1‰ 红糖水中，然后在常温下放置 1～2h 使菌种复活。复活后的菌种要当天用完，不可隔夜使用。

4. 配制菌液 将复活后的菌液与 1‰ 食盐溶液混匀，拌入秸秆中。一般 1 000kg 干秸秆需干菌剂 3g，1‰ 食盐水 1 000～1 200kg。

5. 秸秆入窖 将秸秆切成 2～3cm 长的小段。先在窖底铺放一层 30cm 厚的秸秆，均匀喷洒菌液，使秸秆含水量达 60%～70%（手握秸秆无水滴，手上水分明显）。这样装一层喷一层踏一层，直至高出窖口 40cm。有条件的可加入 0.5% 的玉米面、麸皮，可促进发酵，提高饲料质量。

6. 封窖发酵 在窖面均匀撒上食盐，用量为 $250g/m^2$，以确保表层不霉烂变质。然后用塑料布盖好封严，塑料布上再铺上一层干草，用土压实。高温季节发酵 20d 左右，低温季节发酵 30d。

优质的发酵秸秆饲料呈金黄色，手感松散、质地柔软，具有酒香味。若呈褐色，有强酸味、霉味或臭味，手感发黏，说明质量低劣。

二、青贮饲料

青贮饲料是将切碎的新鲜植物体，通过微生物的发酵作用，在密闭无氧条件下调制成的一种适口性好、消化率高和营养丰富饲料。主要目的是贮藏生长旺盛期或刚刚收获作物后的青绿秸秆，以供饲料短缺时的需要。

（一）青贮原理

青贮饲料是利用原料上所附着或人工添加的乳酸菌等微生物的生命活动，通过厌氧发酵过程，将青贮原料中的碳水化合物变成有机酸（主要为乳酸），当 pH 下降到 3.5～4.2 时，其他微生物的生命活动受到抑制，从而使青贮料得以长期保存。青贮饲料有芳香酸甜味，能提高家畜的适口性和采食量。同时由于乳酸菌的生长繁殖，也增加了青贮料中的维生素含量。

（二）青贮饲料的发酵

青贮实质上是微生物发酵的过程，根据微生物的活动特点把青贮过程分为预备发酵期、酸化成熟期和完成保存期。

通常青贮后 2d 左右为预备发酵期。当青贮料填装、压紧并密封在青贮设备后，植物细胞继续呼吸，消耗碳水化合物，排出 CO_2，使青贮料中的空隙被 CO_2 所占据。附在青贮料上的好气性微生物和兼性厌氧微生物，如腐败菌、酵母菌、霉菌等旺盛繁殖，产生有机酸并消耗 O_2，逐渐形成厌氧环境，给乳酸菌的繁殖创造了有利条件。在压紧且水分适当时，青贮设备中温度可维持在 $20\sim30℃$。当青贮料中有机酸积累至湿重的 $0.65\%\sim1.3\%$，pH 低于 5 时，进入酸化成熟期。酸化成熟期乳酸杆菌迅速繁殖，形成大量乳酸，pH 不断下降，使饲料进一步酸化成熟，其余细菌全部被抑制或死亡，之后进入完成保存期。完成保存期指乳酸积累至青贮料湿重的 $1.5\%\sim2.0\%$，pH4.0～4.2，此时乳酸菌本身受抑制，并逐渐死亡，这样青贮料在厌氧和酸性的环境中成熟，并能长期保存而不腐烂。

三、单细胞蛋白饲料

单细胞蛋白（SCP）是指在大规模系统培养单细胞生物而获得的菌体蛋白质。单细胞蛋白的蛋白质含量高达 $40\%\sim80\%$，还含有很高的脂肪、碳水化合物、核酸、维生素和无机盐，以及动物机体所必需的各种氨基酸，生物学价值大大优于植物蛋白饲料。

细菌、丝状真菌、酵母、微型藻类中的许多种都可用来生产 SCP，但主要还是用酵母生产饲料 SCP。生产 SCP 的原料多种多样，如秸秆、木屑、薯干、糖蜜、石油、甲烷、甲醇等。值得关注的是 SCP 工业能将纸浆废液、味精厂的发酵废渣、废糖蜜、甘蔗渣、食品厂的废液作为原料，生产出 SCP 饲料，即利于环保，又使废物得到利用。SCP 工业发展中的主要障碍是生产成本较高和产品质量难控制，尤其是产品的安全性需严格检测。

单细胞蛋白的一般工艺过程如下：

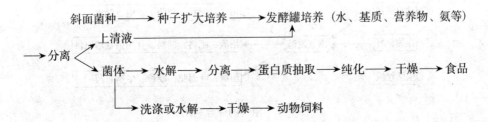

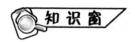

保健食品——螺旋藻

螺旋藻是一种多细胞丝状微生物，是地球上最古老的生物物种之一。属光能自养型微生物，能在阳光照射下利用 CO_2 迅速生长，合成营养丰富的菌体蛋白。其蛋白质含量高达 60%～70%，特别是赖氨酸、含硫氨基酸等 8 种必需氨基酸含量最高，是动物良好的蛋白质来源；螺旋藻还含有 13 种维生素、50 种以上的矿物质和 4%～5% 不饱和脂肪酸；以及多种酶、色素、免疫因子等生理活性物质，直接促进营养的消化吸收，又是动物良好的医疗保健品。目前国内外利用工农业有机废弃物大量生产钝顶螺旋藻和极大螺旋藻。

第四节　微生物能源

能源是人类赖以生存的重要物质基础，甲烷、乙醇、氢气等生物能源热值高，燃烧过程不产生二次污染，还可利用有机废物产生。因此产甲烷、乙醇、氢气的微生物技术研究与开发一直受到各国的重视。

一、沼气发酵

沼气发酵是在厌氧条件下，微生物分解各类有机物，产生甲烷、水、二氧化碳的过程，又称甲烷发酵。沼气是一种可燃混合气体，其主要成分是甲烷，占 60%～70%。$1m^3$ 含 65% 甲烷的沼气相当于 $0.6m^3$ 天然气、$1.375m^3$ 城市煤气、0.76kg 原煤、6.4kW·h 电；其次沼气中还含有二氧化碳，占 30%～40%，以及少量一氧化碳、氮、氨、氢和硫化氢等。

沼气是我国利用微生物资源的一种重要方式。既解决农村能源短缺及环境卫生差等问题，又协调了燃料、饲料和肥料的关系（图 7-5）。

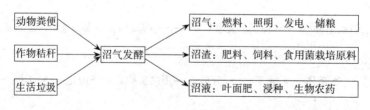

图 7-5　沼气的综合利用

（一）沼气发酵的原理

1. 沼气发酵微生物

（1）不产甲烷微生物　不产甲烷菌能将复杂的有机物降解成简单的小分子物质，主要是纤维素分解菌、半纤维素分解菌、淀粉分解菌、果胶分解菌、丁酸细菌，以及在厌氧条件下分解蛋白质、脂肪的产氢菌和产乙酸菌等。

（2）产甲烷微生物　产甲烷微生物主要是严格厌氧的细菌，广泛分布于土壤、湖泊、沼泽、污泥以及反刍动物的胃肠道中。

2. 沼气发酵过程　沼气发酵经历水解、酸化、产甲烷 3 个阶段。

（1）水解阶段　水解性或发酵性细菌将纤维素、淀粉等糖类水解成糖，再将糖类发酵分解成丙酮酸；将蛋白质水解为氨基酸，再经脱氨作用形成有机酸和氨；将脂类分解发酵形成甘油、脂肪酸，并进一步降解成为乙酸、丁酸、琥珀酸、乙醇等各种低级有机酸、醇类，同时还形成氢、二氧化碳等。

（2）酸化阶段　在水解阶段产生的乙酸、丙酸、乳酸、丁酸、乙醇等，除乙酸以外都不能被甲烷细菌利用，这些物质必须被产氢菌和产乙酸菌进一步转化为乙酸和氢才能被利用。

水解阶段和酸化阶段可以看成是原料加工阶段，将复杂的有机物转化成可供甲烷菌利用的基质。

（3）产甲烷阶段　由严格厌氧的产甲烷菌群来完成。以前两个阶段产生的乙酸、二氧化碳、氢、甲醇等为底物，代谢生成甲烷、二氧化碳。合成甲烷主要有以下几种途径：

①由乙酸和甲醇的甲基形成甲烷：

$$CH_3COOH \longrightarrow CH_4 + CO_2$$
$$4CH_3OH \longrightarrow 3CH_4 + CO_2 + 2H_2O$$

②由二碳、四碳有机化合物氧化使 CO_2 还原形成甲烷：

$$2CH_3CH_2OH + CO_2 \longrightarrow 2CH_3COOH + CH_4$$
$$2C_3H_7CH_2OH + CO_2 \longrightarrow 2C_3H_7COOH + CH_4$$

③由氢还原二氧化碳形成甲烷：

$$4H_2 + CO_2 \longrightarrow CH_4 + 2H_2O$$

以上 3 个阶段是互相衔接而不能截然分开的。不产甲烷细菌为沼气发酵提供基质、能源，创造合适的环境条件，而产甲烷菌则对整个发酵过程起到调节和促进作用，使系统处于稳定的动态平衡中。

（二）沼气发酵的条件

1. 原料充足　杂草、作物秸秆、人畜粪便、污水、含有机质的工业废渣等都可作为沼气发酵的原料，C/N 以 20～30∶1 为宜。

2. 浓度恰当 浓度是发酵料液中干物质的含量。浓度过低，影响微生物生命活动，产气量低。浓度过高，容易积累有机酸，使发酵作用受到抑制。常规发酵干物质浓度为 6%～12%，高浓度发酵可以达到 14%～19%。

3. 条件适宜 沼气发酵是多种产甲烷细菌共同作用的结果。这些细菌的整个生命活动都不需要氧气。相反，氧气对它们有毒害作用。所以要严格厌氧，沼气池要密闭，加水排除空气，以造成厌气环境。

沼气发酵细菌在 8～65℃ 的范围内都能生长活动、产生沼气。多数产甲烷细菌是中温型的，最适温度为 25～40℃，在此温度范围内，温度愈高发酵愈好，产沼气量愈多。

沼气发酵最适宜的酸碱度为 pH6.5～8.0。过酸或过碱都会抑制发酵作用，影响沼气产量。生产上常用草木灰、石灰水调节 pH。我国农村沼气发酵过程中 pH 有一个由高向低，然后又升高，以至基本稳定的自然平衡过程，一般不需要进行调节。

4. 加入接种物和促进剂 为加快沼气发酵速度和提高产气量，向沼气池接入富含沼气微生物的物质称接种物。一般接入发酵料液总量 10%～20% 的下水道污泥、粪坑底污泥、老沼气池发酵液或沉渣等即可。

促进剂是能促进有机物分解，提高产气量的物质。如在以秸秆为主要发酵原料的沼气池里加入 0.1%～0.3% 的碳酸氢铵，可提高产气率 30% 左右。添加促进剂应适量。

（三）沼气发酵工艺

沼气池的结构种类很多，根据其特点可分为水压式、浮罩式和气袋式三类。农村推广的主要是水压式沼气池，由进料间（进料口、进料管）、发酵池（发酵间、贮气间）、出料间（出料管、水压间）、活动盖和导气管等部分组成（图 7-6）。

水压式沼气池工作原理是应用连通器原理，气压水，水压气，保持一定压力，使气体不断送往燃烧器。原料入池后，进料管、发酵池和水压间三者的料液在同一个水平面上，当导气管关闭，发酵原料产气后，沼气逐渐增加，逸到贮气间，贮气间的气体越多，气压越大。

发酵池液面的压强增大，结果形成发酵液面下降，发酵

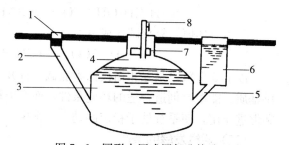

图 7-6 圆形水压式沼气池构造

1. 进料口　2. 进料管　3. 发酵间　4. 贮气间
5. 出料管　6. 水压间　7. 活动盖　8. 导气管

料液被排入进料管和水压间。当用气时，主池内液面压力逐渐减少，在大气压的作用下，进料管和水压间的液面下降，发酵池内的液面上升。

传统的沼气池由于埋在地下，靠地温产生热能，因而造成夏季产气用不完，冬季产气不够用的现象。人们研制出了太阳能沼气罐，利用太阳能加热，一年四季都能正常产生沼气，满足了农户冬季正常用沼气的愿望。

在北方高寒地区还出现了采暖型沼气池。沼气池内设有加热装置，加热装置采用地热管，其管道和地面锅炉水暖管道相连，可通过自吸泵使水循环起来，用自身产生的沼气给沼气池加热，保证沼气池在冬季里正常发酵产气。

二、乙醇发酵

乙醇是燃烧完全的高效燃料，可用来代替石油，是一种取之不尽的能源。可利用微生物发酵淀粉质原料、糖蜜原料、纤维素和半纤维素生产乙醇。

巴西、美国、中国是世界上燃料乙醇的主要生产国，占世界乙醇产量的78％。巴西主要以甘蔗汁生产乙醇，美国主要以玉米生产乙醇。目前，在我国乙醇的产量中，以玉米、谷物为原料的占55％，薯类为原料的占33％，糖蜜为原料的占12％（主要产自广西）。近几年，我国乙醇行业平稳发展，产量逐年增加。在广西，以木薯淀粉为原料，采用固定化酵母生产酒精，出酒率达52％～55％，为节约用粮做出了贡献。

三、生　物　热

微生物在生物氧化过程中释放出来的能量，只有一部分用于自身的生命活动和贮存起来，其余大部分能量以热的形式散发于细胞之外。这些热是在各个反应中逐步放出的，一般不会使周围温度骤然上升。若在通风不良或密闭的环境中生长，所放出的热由于散发不出去，可逐渐积累，使环境温度升高。

生物热在生产上常用于堆肥（详见第五节）、酿热温床和食用菌培养料的发酵。用马粪、稻草、麦秸等加水填积酿热温床，能使床温保持在20～40℃，利于育苗工作。生物热是一种自然资源，可根据不同目的，采取不同措施加以利用。

第五节　微生物与环境保护

微生物与环境保护有着极为密切的关系。一方面微生物会污染环境，另一方面微生物也具有很强的修复环境和保护环境的能力。因此，控制和消除微生物对环境的污染，最大限度地利用微生物所具有的净化环境的能力，无疑对环境保护具有重要意义。

一、固体废弃物的转化

目前处理有机固体废弃物的方法主要有生物处理法和化学处理法。其中生物法处理可以使固体废弃物稳定化、无害化、减量化和资源化，是处理固体废弃物的有效而经济的技术方法，其处理方法包括堆肥法和填埋法。

（一）堆肥法

堆肥法是依靠自然界广泛分布的微生物，促进可被生物降解的有机物向稳定的腐殖质转化的过程。堆肥的产物是具有一定肥力的有机肥。

堆肥法处理的优势是能使有机废物分解并干化，减少收集、运输和处理的费用；堆肥是植物良好的肥料和土壤改良剂，废物中氮、磷、钾等营养物经过堆制处理后被转化为 NO_3^-、PO_4^{3-} 等植物可以直接吸收的形式；且此方法能有效杀灭病原菌和虫卵。

堆肥可分为好氧堆肥和厌氧堆肥两种。厌氧堆肥熟化所需时间长，且腐熟过程会产生 H_2S 等有害气体，所以实际应用较少。在此主要介绍好氧堆肥的微生物学过程。

好氧堆肥法是在有氧的条件下，通过好氧微生物的作用使有机废弃物达到资源化，转变为有利于作物生长的有机物的方法。由于可产生高温，也称为高温堆肥法。

在堆制过程中，随着主要作用微生物的温度类型由中温型→高温型→中温型的阶段性更替，堆温也相应地呈现中温→高温→中温的阶段性变化。根据堆制过程中温度变化和微生物生长情况，可把堆制过程分为以下 4 个阶段：

1. 发热阶段 堆肥堆制初期，以中温、好气的微生物为主，如无芽孢杆菌、球菌和丝状真菌等，它们利用可溶性和易分解的有机物大量繁殖。有机质被迅速分解，释放热量，使堆温不断升高。该阶段温度一般为 $15\sim45℃$，持续 $1\sim3d$。

2. 高温阶段 堆温达到 $50℃$ 左右便进入高温阶段。在高温阶段，嗜热性微生物代替了中温性微生物，其生长释放的生物热使温度达 $60\sim70℃$ 甚至更高。除对可溶性有机质继续分解外，主要分解复杂的有机物，如纤维素、半纤维素、果胶等，出现了腐殖化过程。

在堆温上升的过程中，嗜热性微生物的种类、数量也逐渐发生变化。在 $50℃$ 左右，主要是嗜热性真菌和放线菌，如嗜热性真菌属、褐色嗜热放线菌、普通小单孢菌等；温度升至 $60℃$ 左右，嗜热性丝状真菌几乎完全停止活动，仅有嗜热性放线菌和细菌在活动；温度升至 $70℃$ 时，大多数嗜热微生物停止生长，温度不再上升。高温阶段温度一般为 $50 \sim 70℃$，持续 $3 \sim 8d$。

高温不仅使堆肥快速腐熟，而且能杀灭病原生物，一般认为 $50 \sim 60℃$ 的堆温，持续 $6 \sim 7d$，对虫卵和病原菌即可达到较好的致死效果。本阶段后期，有机物分解强度渐弱，高温维持一定时期后开始下降。

3. 降温阶段　高温阶段持续一段时间后，废物中的有机物大部分被分解，只剩下部分较难分解的有机物以及新形成的腐殖质。这时，好热性微生物的活动减弱，产热量减少，温度逐渐下降，中温型微生物又成为优势菌群。此时堆内微生物种类和数量较高温阶段多，如中温性的纤维分解黏细菌、芽孢杆菌、放线菌和真菌等。残余有机物继续被分解，腐殖质不断积累，堆肥进入腐熟阶段。

如果降温阶段来得早，表明堆制条件不够理想，植物性物质多未充分分解。这时可以翻堆，将堆积的材料重新拌匀，再次封堆，使产生第二次发热、升温，以促使堆肥腐熟。

4. 腐熟保肥阶段　堆肥物质逐步进入稳定化状态。C/N 逐步降低，耗氧量大大减少，含水量降低，腐殖质积累量明显增加。分解腐殖质等有机物的放线菌数量和比例有所增加，厌气纤维分解菌、厌气固氮菌和反硝化细菌逐步增多。堆肥表层形成以真菌菌丝体为主所构成的白毛。此时如不及时采取措施，新形成的腐殖质会分解释放出 NH_3。而且硝化作用形成的硝酸盐有可能随雨水淋入底层进行反硝化作用，使氮素损失。为了减低有机质矿化作用，保存腐殖质和氮素等植物养料，可采取压实堆肥的措施，造成其厌氧状态，厌气纤维分解菌能旺盛地进行纤维素分解作用，进行后期腐熟作用。

腐熟的堆肥，表面呈白色或灰白色，内部呈黑褐色或棕黑色，秸秆和粪块等完全腐熟，质地松软，无粪臭，散发出泥土气味，不招引蚊蝇，pH8~9，呈弱碱性。腐熟保肥阶段一般为 $20 \sim 30d$。

（二）填埋法

填埋法是在自然条件下，利用土壤微生物构建特殊的人工生态系统，将固体废物中的有机质分解，使其体积减小且渐趋稳定的过程。填埋法有厌氧、好氧和半好氧三种，其中厌氧填埋操作简单，施工费用低，同时还可回收甲烷气体，因而被广泛采用。

填埋法是将垃圾在填埋场内分区分层进行填埋。运到填埋场的垃圾，铺散为 $40 \sim 75cm$ 的薄层，压实，一般垃圾厚度为 $2.5 \sim 3m$。一次性填埋处理垃圾层最大厚度为 $9m$，每层垃圾压实后覆土 $20 \sim 30cm$。一个填埋单元由废物层和土壤覆盖层构成，一般一天的垃圾当天压实覆土，成为一个填埋单元。填埋层由一系列填埋单元构成，一个填埋场由一个或几个填埋层组成。填埋场上层覆盖 90～120cm 的土壤，最后再压实即可。

二、污水净化

我国水资源不足且分布不均匀，人均水资源低于世界平均水平。随着经济发展及人口增多，水污染日益严重，因此缺水十分严重。污水处理是利用各种技术，将污水中的污染物分离去除或将其转为无害物质，使污水得到净化。污水处理可以有效地防治水污染，净化后的污水可以重新用于农田灌溉、园林绿化、景观用水、工业冷却和生活杂用等多方面。

污水的成分复杂，往往浓度又很高，故常用物理、化学和生物各种方法分步进行净化。微生物处理污水是通过微生物的旺盛代谢作用，分解有机污染物，使污水净化。根据污水处理过程中其作用的微生物对氧气要求的不同，可将污水生物处理分为好氧处理和厌氧处理两大类，常用的方法有活性污泥法、生物膜法、氧化塘法、厌氧消化法和土地处理法。下面以应用最广的活性污泥法为例，介绍污水处理的微生物学原理。

活性污泥法是利用含有大量好氧性微生物的活性污泥，在强力通气的条件下使污水净化的方法。活性污泥是一种绒絮状小泥粒，由好氧性微生物及胶体、悬浮物等组成。颗粒大小为 0.02～0.2mm，静置时能相互凝聚形成较大的颗粒而沉降。外观呈黄褐色，因水质不同也有呈深灰、灰白和灰褐等色。

菌胶团是好氧活性污泥的结构和功能中心，其上生长有大量细菌、酵母菌、霉菌、放线菌、藻类、原生动物等。活性污泥具有很强的吸附力、pH 缓冲力和氧化降解有机质的能力，在污水处理中除能降解有机质以外，也能通过离子吸附或形成有机络合物的方式，沉淀污水中的金属离子或某些有机物。

活性污泥处理装置主要由一级沉淀池、曝气池、二级沉淀池组成（图 7-7）。污水在一级沉淀池中去除砂、浮渣、浮油和部分悬浮物，再与二级沉淀池底部回流的活性污泥混合后流入曝气池，曝气 3～8h。其间不断往曝气池里通入空气，利用池中活性污泥所含的微生物，快速降解污水中的各类有机质。经过曝气处理后的上层污水和其中所含的活性污泥一道进入二级沉淀池，进一步彻底氧化分解。沉淀池内不再通空气，其下层经过厌氧微生物的分解作用，活性污泥将因相互凝聚而沉降到池底。上部的清水经检验达标后，可向环境排放或循环利用。沉降于池底的活性污泥，小部分将回流至曝气池再利用，大部分则被排至污泥池进一步处理。

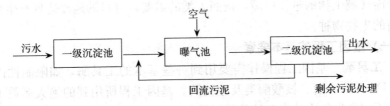

图 7-7　活性污泥法示意图

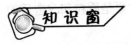

微生物降解农药

利用微生物降解农药是治理化学农药污染，进行生物修复的重要手段。目前已发现能降解化学农药的微生物有细菌、真菌、放线菌和藻类等。

微生物对化学农药的降解途径主要有酶促降解和非酶促降解作用。酶促作用是微生物降解的主要形式，即化合物通过一定的方式进入微生物体内，然后在各种酶的作用下，经过一系列的生理生化反应，最终将农药完全降解或分解成相对分子质量较小的无毒或毒性较小的化合物的过程。非酶促作用是指微生物活动使环境 pH 发生变化而引起农药降解，或产生某些辅助因子或化学物质参与农药的转化。主要包括氧化、还原、脱卤、脱烃、酰胺及酯的水解、环裂解、缩合或共扼形成等。

某些化学农药难以被微生物直接作为代谢底物而降解，但若存在另一种可作为微生物碳源和能源的辅助营养物时，也可以被部分降解，这一作用称为共代谢作用。如诺卡氏菌不能利用甲基萘，能利用十六烷作为碳源，若把甲基萘加入十六烷培养液中，它在分解十六烷的同时，可以把甲基萘氧化成萘酸。直肠梭菌在蛋白胨存在时，可以降解丙体六六六。

第六节　微生物与现代生物技术

一、基因工程

基因工程是指将一种或多种生物体（供体）的基因与载体在体外进行拼接重组，然后转入另一生物体（受体）内，使外源基因复制、扩增、转录和翻译，从而实现供体基因在受体细胞中的高效表达。其本质就是按照人们的设计蓝图，将生物体内控制性状的基因进行优化重组，并使其稳定遗传和表达。基因工程能突破生物的进化屏障，按照人类的需要，有目的地改造现有生物，并创造新的生物物种。

（一）基因工程的基本要素

1. 工具酶　基因工程操作需要用到一些基本的工具酶，如限制性内切核酸酶、DNA 聚合酶、核酸酶类及连接酶。基因工程所用到的绝大多数工具酶都是从不同微生物中分离和纯化获得的。

2. 载体　外源 DNA 片段进行克隆，需要一个合适的载体，将其运送到受体细胞中并进行复制和表达。在基因工程中常用的载体主要是质粒和改造后的病毒或噬菌体。

3. 外源 DNA　外源 DNA 即目的基因，分离的外源基因应具有正确表达所需的全部碱基序列，如果载体没有可利用的启动子，它应含有自己的启动子。目前仅有少数结构基因可以人工合成，绝大多数的外源基因是从供体生物细胞中分离并经过改造的 DNA 片段。

（二）基因工程的基本过程

基因工程的基本过程如图 7-8。

在农业上，将优良基因导入某些农作物细胞中，成功培育了许多具有新的优良性状的转基因植物，如抗虫和抗除草剂的转基因谷物、棉花和大豆等，并已大规模用于生产。在转基因动物方面，国内外的许多研究者已成功地把家畜的生长激素基因克隆，并用受精卵注射法导入胚胎细胞中，获得了提高产奶量或瘦肉率的转基因动物。

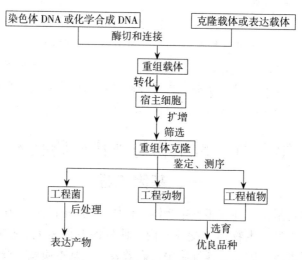

图 7-8　基因工程基本操作示意图

二、生物制药

微生物在制药工业中用途很广，许多药物都是利用微生物生产的，如抗生素、生物制品、甾体激素等。因此微生物在疾病的预防和治疗方面都有着重要的意义。

（一）抗生素

绝大多数抗生素是用微生物发酵生产的。自 1940 年青霉素应用于临床以来，目前抗生素的种类已达几千种，大规模微生物发酵生产的重要抗生素如表 7-2。

表 7-2　微生物发酵生产的一些抗生素

（引自沈萍，马向东，微生物学）

抗生素名称	生产菌种	作用范围
青霉素	产黄青霉、点青霉	G^+ 和部分 G^-
灰黄霉素	灰黄青霉	病原真菌
链霉素	灰色链霉菌	G^-，G^+，结核分支杆菌
卡那霉素	链霉菌	G^+，G^-，结核分支杆菌
多氧霉素	可可链霉菌	病原真菌
利福霉素	地中海链霉菌、诺卡氏菌	结核分支杆菌，G^+，病毒
头孢菌素 C	头孢霉菌	G^+，病毒
土霉素	龟裂链霉菌	G^+，G^-，立克次体
制霉菌素	诺尔斯氏链霉菌、金色放线菌	白色念球菌，酵母菌
放线菌素 D	产黑链霉菌	肿瘤细胞
博来霉素	轮丝链霉菌	肿瘤细胞
四抗菌素	金色链霉菌	螨类

（二）生物制品

生物制品是指用微生物本身或其毒素、酶及提取成分、人或动物的血清或细胞制成的，用于疾病的预防、治疗或诊断的各种制剂。一般分为预防、治疗和诊断制品。

预防制品主要是疫苗。疫苗研制经历了三次重大变，第一次是以牛痘及脊髓灰质炎疫苗为代表的减毒和灭活疫苗。随着分子生物学和分子免疫学技术的发展，以天然或重组成分为主的纯化亚单位疫苗研制成功，开创了疫苗研制的新时代，这类疫苗成分单一，效果明确，无致病性。20 世纪 90 年代初，一系列关于注射外源基因在体内诱导免疫应答的研究成果揭开了核酸疫苗的序幕，该疫苗与常规疫苗相比具有制备简便；接种基因可以在体内少量持续表达，免疫力持久；基因疫苗产生的抗原接近自然状态等特点。基因疫苗被称为第三代疫苗。

治疗制品多数是利用细菌、病毒和生物毒素免疫动物制备的抗血清或抗毒素。在发达国家动物抗血清或抗毒素已被淘汰，取而代之的是人特异丙种球蛋白。单克隆抗体已从诊断而逐步走向治疗。治疗性疫苗的作用机制尚未明确，但是对于一些慢性持续性感染的细菌性、病毒性和真菌性疾病，作为其综合性治疗中的一种提高机体免疫力的辅助手段，有着良好的应用前景。

诊断制品主要是抗原或抗体。微生物诊断已由免疫学水平提高到分子水平，单克隆抗体诊断制品系列化、普及化，DNA 探针、PCR 技术、DNA 芯片和分子克隆印迹技术已逐步得到推广应用。

本章小结

微生物农药是利用微生物及其代谢产物防治植物病虫害、杂草的制剂。细菌杀虫剂效果最好的是苏云金杆菌和日本金龟子芽孢杆菌；真菌杀虫剂以白僵菌、绿僵菌应用较多；病毒杀虫剂应用最多的是杆状病毒。生产上常用的农用抗生素有井冈霉素、农抗 120、阿维菌素等。微生物农药选择性强，对人畜和天敌安全，病菌、害虫不易产生抗药性，易于分解和不污染环境。

微生物肥料是一类含有活的微生物，应用于农业生产中，能够获得特定的肥料效应的制品。它主要是利用微生物的生命活动及代谢产物，改善作物养分供应，促进植物生长。目前生产上常用的微生物肥料有固氮菌肥料、根瘤菌肥料、根际促生菌肥料、菌根菌肥料、复合微生物肥料等。

微生物饲料有微贮饲料、青贮饲料和单细胞蛋白饲料。微贮饲料是由微生物活性菌种发酵农作物秸秆而成；青贮饲料是由微生物发酵新鲜植物体而成；单细胞蛋白饲料是大规模生产富含蛋白质的微生物细胞。这些饲料具有营养丰富、适口性好、消化率高等优点。

可以利用微生物产生的沼气、乙醇作为代替石油的高效燃料。沼气发酵是我国利用微生物资源的一种重要方式；乙醇可利用微生物发酵淀粉质原料、糖蜜原料、纤维素和半纤维素生产；另外将生物热用于堆肥、酿热温床和食用菌培养料的发酵。

在环境保护上，微生物用于固体废弃物的转化、污水净化和农药的降解。在现代生物技术中，微生物为基因工程提供各种工具酶、基因载体、目的基因等，并可利用微生物生产抗生素和各种生物制品，用于疾病的预防、诊断和治疗。

1. 微生物农药有哪些特点？在农业生态系统中的作用是什么？

2. 试述苏云金杆菌、白僵菌的致病机理？受哪些因素影响？

3. 农业生产上常用的抗生素有哪些？

4. 微生物肥料有哪些特点？它与其他有机肥料有何不同？

5. 如何生产根瘤菌肥料？如何施用？

6. 复合微生物肥料有哪些种类？如何使用？

7. 试述沼气发酵的条件及沼气发酵的过程。

8. 调查当地的沼气发展状况，沼气发酵在生态农业中有什么作用？

9. 活性污泥法处理装置主要由什么组成？

10. 什么是基因工程？微生物在基因工程中有何作用？

实 训 指 导

第一部分　实验实训

实验实训一　显微镜油镜的使用和
细菌的形态观察

一、实训目的

1. 了解显微镜油镜工作原理，掌握油镜的使用和保养方法。
2. 掌握细菌制片及简单染色技术，观察细菌形态。

二、实训原理

（一）显微镜的分辨率

显微镜性能的优劣，一方面是看它的总放大倍数，更重要的是看其分辨率。分辨率（D）是指显微镜能够辨别两点之间最小距离的能力。D 值愈小，表明显微镜的分辨率愈高。分辨率的值与物镜的数值孔径（NA）成反比，与光波波长（λ）成正比。因此，增大接物镜的数值孔径和缩短光波波长均能提高显微镜的分辨率。

$$能分辨两点之间最小距离 = \frac{光波波长}{2 \times 数值孔径} \qquad 即 D = \frac{\lambda}{2NA}$$

数值孔径（NA）是指标本与物镜间介质折射率（n）和光线投射到物镜上的最大入射角（镜口角，α）一半正弦的乘积。

其计算公式为：$NA = n \times \sin\frac{\alpha}{2}$

（二）干燥系物镜和油浸系物镜

1. 干燥系　接物镜与载玻片之间的介质为空气，则称为干燥系。由于空气的折射率（$n=1.0$）与玻璃的折射率（$n=1.52$）不同，当光线通过载玻片后，发生折射现象，进入物镜的光线减少，降低了视野的照明度，而且还会使镜口角减小，从而降低分辨率（图实-1A）。

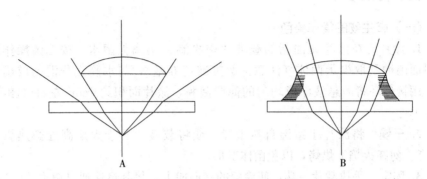

图实-1 干燥系（A）与油浸系（B）光线通过的比较

2. 油浸系 接物镜与载玻片之间的介质为油质（香柏油），则称为油浸系。因香柏油的折射率（$n=1.515$）与玻璃相近，当光线通过载玻片后，直接通过香柏油进入物镜，不发生折射（图实-1B）。因此，用油浸系物镜不仅能增加照明度，更主要的是能增加数值孔径。

可见光的波长平均为 $0.55\mu m$。当使用数值孔径为 0.65 的高倍物镜时，它能辨别两点之间的距离为 $0.42\mu m$，而使用数值孔径为 1.25 的油镜时，能辨别两点之间的距离则为 $0.22\mu m$。

（三）简单染色原理

细菌个体很小，而且多为透明或半透明，在水浸片中不容易观察。为清晰地观察到细菌的形态、大小及排列状况，需采用各种染色方法，使菌体着色，以增加菌体的显示力。

简单染色法是用一种染色液一次使菌体着色的方法，是微生物学中应用最广泛、操作最简便的染色方法。细菌细胞含有很多核酸，所以一般多用结晶紫、番红、美蓝、碱性复红、孔雀绿等碱性染料配成染色液进行菌体染色。

三、材料用具

1. 材料与试剂 细菌三型固定染色玻片，大肠杆菌、金黄色葡萄球菌斜面菌种，结晶紫染色液，石炭酸复红染色液，香柏油，二甲苯，无菌水等。

2. 仪器与用具　显微镜，接种环，载玻片，纱布，吸水纸，擦镜纸，酒精灯，火柴，废液缸，洗瓶或小滴管等。

四、方法步骤

（一）微生物的简单染色

1. 涂片　在洁净无油脂的载玻片中央滴一小滴无菌水，按无菌操作法从斜面菌种刮取少量菌体（注意：勿挑破培养基），与水滴充分混匀成菌悬液，用接种环将菌悬液涂成均匀的薄层菌膜，涂片面积约 $1cm^2$ 左右（图实-2A、B）。

2. 干燥　将涂片于室温自然干燥，或将载玻片置于火焰高处微热烘干（注意：勿在火焰上烘烤，以免菌体变形）。

3. 固定　手执载片一端，使涂菌的一面向上，将其迅速通过微火 2～3 次进行火焰固定。火焰固定时，用手擦涂片反面，以不烫手为宜（注意：不能将载片在火上烤，否则易使菌体变形）（图实-2C）。

固定的目的是将菌体杀死，使菌体附着在载玻片上，染色时不致脱落，同时改变菌体对染色液的通透性，增加染色效果。

4. 染色　滴加 1～2 滴染色液于涂菌处，并使染色液覆盖整个菌膜，染色 1min 左右（图实-2D）。

5. 水洗　倾去染色液，斜置载片，用洗瓶或自来水轻轻冲洗（注意：不能直接冲在涂好的菌膜处，应由菌膜上端流下），洗至从载片上流下的水中无

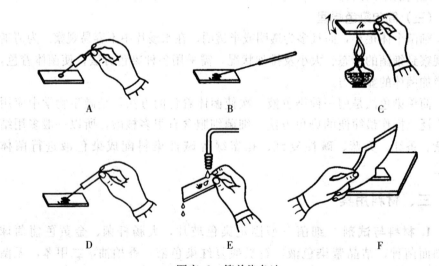

图实-2　简单染色法

染色液的颜色为止（图实-2E）。

6. 干燥 自然晾干或用吸水纸轻轻地吸干（注意：不要擦掉菌体）后即可镜检（图实-2F）。

（二）显微镜油镜的使用

1. 油镜头的辨认 油镜一般在镜头上刻有一圈红线或黑线标记；或标有oil字样；或标有OI或HI字样。在低倍物镜、高倍物镜和油镜3种物镜中，油镜的放大倍数和数值孔径最大，工作距离最短（图实-3）。

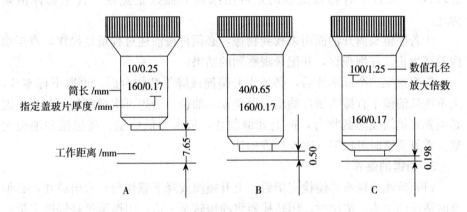

图实-3 显微镜物镜参数示意图
A. 低倍镜 B. 高倍镜 C. 油镜

2. 油镜的使用方法

（1）**放置显微镜** 将显微镜置于实验台上，镜座距实验台边沿3～4cm。

（2）**调光** 将低倍物镜转到工作位置，打开光圈，调节聚光器，转动反光镜或直接调节光强度，对光至视野内光线均匀明亮为止（注意：观察染色玻片时，光线宜强些；观察未染色玻片时，光线宜弱些）。

（3）**低倍镜观察** 首先上升镜筒或下降载物台，将玻片或细菌涂片置于载物台上，用标本夹夹住，将观察位置移至物镜正下方，物镜降至距装片0.5cm处，用粗调节器使物镜逐渐上升（或使载物台下降）至出现物像时，改用细调节器调节至物像清楚为止。用推进器移动装片，将最适宜观察部位移至视野中心。

（4）**高倍镜观察** 转动物镜转换器，将高倍镜移至工作位置，调节光圈，使光线的明亮度适宜，并用细调节器校正焦距使物镜清晰为止，将最适宜观察部位移至视野中心。

（5）**油镜观察**

①上升镜筒或下降载物台约 2cm，转换油镜，在镜头正下方的涂片上滴一滴香柏油。

②用粗调节器慢慢降下镜筒或上升载物台，使油镜浸入油中至油圈不扩大为止，此时镜头几乎与装片接触（注意：操作人员要从侧面仔细观察浸油镜头的整个过程，油镜头不能接触载玻片，以免压碎载玻片，损坏镜头）。

③将光线调亮，用粗调节器徐徐上升镜筒或下降载物台（切忌反方向旋转），当视野中有物像出现时，再用细调节器校正焦距，直至物像清晰为止。

④若因镜头离开油面而未找到物像，必须再按前述过程重复操作，直至物像看清为止，仔细观察，并记录观察到的结果。

⑤观察完一个标本片后，必须先升镜筒或降下载物台后，再取下标本片，决不能从油镜下直接将制片抽出，以免损坏油镜。若想再次观察其他制片，也必须先升镜筒或降载物台，换上其他制片，依次用低倍镜、高倍镜和油镜观察。重复观察时可比第一次少加香柏油。

3. 油镜的保养

（1）清洗油镜头　镜检完毕后，上升镜筒或降下载物台，取出玻片，必须及时清洗油镜头。清洗时，用转换器将油镜转至一边，用擦镜纸轻轻擦去镜头上的大部分香柏油，再用擦镜纸沾少许二甲苯擦掉残留的香柏油，最后再用干净的擦镜纸擦净残留在镜头上的二甲苯（注意：擦镜时勿用力在透镜上来回摩擦，严禁用纱布等擦拭镜头）。

（2）还原　将显微镜各部分还原，接物镜呈"八"字形降下，降下聚光器，使反光镜镜面垂直镜座，套上镜罩，对号放入镜箱中，置阴凉干燥处存放。

五、实训作业

1. 绘出在油镜下观察到的细菌形态。
2. 简述微生物简单染色的方法。

六、思考题

1. 使用油镜时为什么要在载玻片和镜头之间滴加香柏油？
2. 使用油镜和低倍镜、高倍镜时操作步骤有何区别？
3. 细菌涂片后若不干燥，能直接用油镜观察吗？为什么？

实验实训二　细菌的革兰染色及放线菌形态观察

一、实训目的

1. 理解革兰染色的原理，掌握革兰染色的方法。
2. 观察放线菌的菌丝、孢子丝、孢子的形态。

二、实训原理

（一）革兰染色

革兰染色是一种复染色法，是细菌学中最重要的鉴别染色法。根据染色结果，将细菌分为革兰阳性菌（G^+）和革兰阴性菌（G^-）两大类。细菌对革兰染色的反应主要与其细胞壁结构和化学成分有关。

细菌细胞经过结晶紫染色液初染和碘液媒染后，细胞上形成了不溶于水的结晶紫与碘大分子复合物，均呈现紫色。当用乙醇脱色时，由于 G^+ 细胞壁较厚，肽聚糖含量较高，其分子交联度较紧密，再加上基本上不含类脂，乙醇使肽聚糖层脱水而明显收缩，结晶紫与碘复合物分子不能通过细胞壁，保持着紫色。G^- 细胞壁薄，肽聚糖含量低，交联松散，类脂含量高，类脂被乙醇溶解后，细胞壁上就会出现较大的孔隙，结晶紫与碘的复合物极易渗出细胞壁，乙醇脱色后细胞呈现无色。最后再用红色染料进行复染，就使 G^- 显现红色。红色染料虽然也能进入 G^+ 细胞中，但被紫色覆盖而呈现紫红色。

（二）放线菌形态观察

放线菌细胞呈丝状，有基内菌丝、气生菌丝和孢子丝之分，孢子丝上着生孢子。玻璃纸具有半透膜特性，其透光性与载玻片基本相同，采用玻璃纸琼脂平板透析培养，能使放线菌生长在玻璃纸上，然后剪取长有菌的玻璃纸，放在载玻片上镜检，可看到放线菌自然生长的个体形态。印片法不破坏放线菌孢子的排列情况，可观察孢子的排列情况。

三、材料用具

1. 材料与试剂　培养 18～24h 的枯草芽孢杆菌、金黄色葡萄球菌、大肠杆菌斜面菌种，1～2 种待检测细菌斜面菌种，细黄链霉菌（又称 5406 菌）插片法、玻璃纸法及普通平皿培养物，草酸铵结晶紫染液，番红复染液，卢戈氏碘液，95％酒精，二甲苯，香柏油，无菌水。

2. 仪器与用具　显微镜，载玻片，酒精灯，洗瓶，吸水纸，接种环，剪刀，擦镜纸，火柴，废液缸等。

四、操作步骤

（一）细菌的革兰染色

1. 涂片

（1）常规涂片法　在载玻片中央滴1滴无菌水，再用接种环挑取少量枯草杆菌和大肠杆菌制作混合涂片。

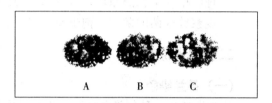

（2）三区涂片法　在载玻片上滴3滴无菌水，两边分别涂大肠杆菌和枯草杆菌，中间为两菌混合区（图实-4）。

图实-4　三区涂片示意图
A. 大肠杆菌　B. 两菌混合区　C. 枯草杆菌

2. 干燥、固定　方法同实验实训一的简单染色法。

3. 染色　待载玻片冷却后，按下列步骤进行染色：

（1）初染　滴加草酸铵结晶紫染色液于涂片上，初染1min，水洗。

（2）媒染　滴加卢戈氏碘液媒染1min，然后水洗。

（3）脱色　滴加95%酒精脱色30～60s。脱色时间以初染时结晶紫的颜色不再被乙醇脱出为止，然后水洗。

（4）复染　滴加番红染色液复染1～2min，水洗。

4. 镜检　染色后的制片先用吸水纸吸干或空气中自然干燥，然后镜检。

5. 检测未知菌　用上述方法对待测菌进行革兰染色，观察染色结果。

（二）放线菌形态观察

1. 观察插片法培养的放线菌　用镊子小心取出一张用插片法培养的5406菌培养皿中的盖玻片，将盖玻片背面附着的菌丝体擦净，然后将有菌的一面向下放在洁净的载玻片上。用低倍镜、高倍镜观察，找出基内菌丝、气生菌丝、孢子丝及分生孢子。注意观察基内菌丝、气生菌丝的粗细和色泽差异。

2. 观察玻璃纸法培养的放线菌　在载玻片上滴一小滴无菌水，将长有放线菌的圆形玻璃纸片剪下一小块，有菌面向上放在载玻片的水滴上，使玻璃纸平贴在载玻片上（注意：玻璃纸与载玻片间不能有气泡，以免影响观察）。先用低倍镜观察放线菌的立体生长状况及菌落边缘的特征，再用高倍镜仔细观察。注意区分基内菌丝、气生菌丝和孢子丝。

3. 印片染色法

（1）印片　用镊子取一张洁净的载玻片，在酒精灯上微微加热，然后将微热载玻片盖在长有5406菌的平皿上，轻轻压一下（注意：载玻片要垂直放下和取出，防止载玻片水平移动而破坏放线菌的自然形态），使培养物黏附在载玻片上。

（2）固定　将载玻片有印痕的一面朝上，通过火焰微微加热2～3次。

（3）染色　用石炭酸复红染色1min，水洗，晾干。

（4）镜检　用油镜观察，注意观察孢子丝的形态、孢子的排列及其形状。

五、实训作业

1. 绘出实验中观察到的细菌形态，并说明其革兰染色反应。
2. 记录未知菌的革兰染色结果。
3. 绘出实验中观察到的放线菌形态。

六、思考题

1. 细菌细胞经过革兰染色后，为什么会出现不同的染色反应？
2. 哪些环节会影响革兰染色结果的正确性？其中最关键的环节是什么？为什么？

实验实训三　细菌的特殊染色技术

一、实训目的

1. 了解芽孢、鞭毛及荚膜染色的原理。
2. 掌握芽孢、鞭毛及荚膜染色方法。

二、实训原理

细菌的芽孢和菌体对染料的亲和力不同，细菌的芽孢结构致密，通透性差，着色较困难。但是芽孢一旦着色后，脱色也较困难。因此，芽孢染色时，用着色力强的染色剂，如孔雀绿、石炭酸复红等进行加热染色，先使菌体和芽孢均着色。水洗时，芽孢染上的颜色难以渗出，而菌体容易脱色。然后再用另一种染色液复染菌体，使菌体和芽孢呈不同的颜色而便于区别。

细菌的荚膜与染料的亲和力很弱，不易被染色，但荚膜的通透性较好，某些染料可透过荚膜而使菌体着色。荚膜染色常用背景衬托染色法，即将菌体和背景染色，而把不着色、透明的荚膜衬托出来，使荚膜在菌体周围呈一透明圈。

鞭毛非常细，要在电镜下才能观察到。鞭毛染色法让媒染色剂沉积在鞭毛上，使鞭毛直径变粗，然后再进行复染，即可在普通光学显微镜下观察其形态、着生位置和数目。

三、材料用具

1. 材料与试剂 培养 18～24h 枯草芽孢杆菌、培养 72h 褐球固氮菌、活化 1～2 次的普通变形杆菌斜面菌种，5％孔雀绿水溶液，0.5％番红水溶液，5％黑色素水溶液，石炭酸复红染色液，硝酸银鞭毛染色液 A 液和 B 液。

2. 仪器与用具 显微镜，水浴锅，接种环，酒精灯，载玻片，盖玻片，小试管（1cm×6.5cm），烧杯，滴管，试管夹，擦镜纸，吸水纸，二甲苯，香柏油，无菌水，蒸馏水，95％酒精。

四、方法步骤

（一）芽孢染色

方法 1

（1）**制备菌悬液** 加 1～2 滴无菌水于小试管中，用接种环从斜面上取 1～2 环枯草芽孢杆菌于试管中，充分振荡制成均匀的菌悬液。

（2）**染色** 加 2～3 滴 5％孔雀绿水溶液于小试管中，用接种环搅拌使染料与菌悬液充分混合。将小试管置于沸水浴锅（烧杯）中，加热 15～20min。

（3）**制片** 用接种环挑取试管底部的菌体，均匀涂于洁净的载玻片上，常规方法干燥、固定。

（4）**水洗** 用水洗至流出的水中无孔雀绿颜色为止。

（5）**复染** 加 0.5％番红染液复染 2～3min，然后倾去染液，用吸水纸吸干。

（6）**镜检** 干燥后镜检，油镜下观察到芽孢绿色，菌体及芽孢囊红色。

方法 2

（1）**制片** 取枯草芽孢杆菌，常规方法涂片、干燥、固定。

（2）**染色** 滴加 3～5 滴 5％孔雀绿水溶液于涂片上。用试管夹夹住载玻片一端，用微火加热至载玻片上出现蒸汽时开始，维持 4～5min（注意：加热过程中，有蒸汽冒出，但不沸腾，并要及时可添加染液，切勿使染料蒸干)。

(3) 水洗 倾去染液，待玻片冷却后，用自来水冲洗至流下的水没有绿色为止。

(4) 复染 用 0.5％番红水溶液复染 1～2min，水洗，干燥。

(5) 镜检 干燥后镜检，油镜下观察到芽孢呈绿色，菌体及芽孢囊红色。

(二) 荚膜染色

1. 涂片 取褐球固氮菌制成涂片，自然干燥。

2. 固定 滴入 1～2 滴 95％酒精固定（注意：不可用火焰烘干）。

3. 染色 加石炭酸复红染液染色 1～2min，水洗，自然干燥。

4. 推片 在载玻片一端加一滴黑色素，另取一块边缘光滑的载玻片与之接触，并向玻片两侧稍滑动几下使其散开，再以匀速推向另一端，涂成均匀的一薄层，自然干燥。

5. 镜检 背景黑色，菌体红色，菌体周围有一明亮的透明圈即为荚膜。

(三) 鞭毛染色

1. 制片 在光滑无痕迹的载玻片的一端滴 1 滴无菌水，用接种环取少许普通变形杆菌（注意：勿带培养基），在载玻片的水滴中轻沾几下，制成轻度混浊的菌悬液。将载玻片稍倾斜，使菌悬液缓缓流到另一端，然后平放于空气中自然干燥。

2. 染色 滴加硝酸银鞭毛染色液 A 液，3～5 min 后用蒸馏水洗净 A 液，使背景清洁。将残水沥干或用 B 液冲去残水。滴加 B 液，在微火上加热至微冒蒸汽时计时，染色 30～60s（注意：染色时随时补充染液，防止染色液蒸干）。冷却后，用蒸馏水轻轻冲洗干净，自然干燥。

3. 镜检 用油镜观察鞭毛的着生位置、形态及颜色。菌体呈深褐色，鞭毛褐色。（注意：应多镜检几个视野，有时只在部分涂片上染出鞭毛）。

五、实训作业

1. 绘出观察到的细菌菌体、芽孢形态及芽孢的着生位置图。
2. 绘出褐球固氮菌菌体及荚膜的形态图。
3. 绘出普通变形菌的形态及鞭毛着生情况图。

六、思考题

1. 细菌芽孢、荚膜和鞭毛染色过程中应注意哪些问题？
2. 用简单染色法能否观察到细菌的芽孢？
3. 荚膜染色时涂片是否可用热固定？为什么？

实验实训四　霉菌和酵母菌形态及其菌落特征观察

一、实训目的

1. 掌握水浸片的制作方法。

2. 认识常见霉菌及酵母菌的形态及菌落特征。

二、实训原理

霉菌为丝状真菌，菌丝较粗大，制片后可用低倍或高倍镜观察。由于霉菌细胞易收缩变形，而且孢子很容易飞散，所以制片时将其置于棉蓝染色液中，既可保持菌丝原形，又有杀菌作用，可长时间保存，而且溶液本身呈蓝色，有一定染色效果，便于观察。

美蓝是一种染料，其氧化型为蓝色，还原型为无色。可用美蓝染色法鉴别酵母菌的活细胞和死细胞。由于活细胞的新陈代谢作用，使细胞内具有较强的还原能力，可使美蓝由氧化型变为还原型。因此，酵母菌染色后活细胞是无色的，死细胞或代谢作用微弱的衰老细胞呈蓝色或淡蓝色。

三、材料用具

1. 材料与试剂　产黄青霉、黑曲霉、黑根霉、总状毛霉、酵母菌等平皿培养物；酿酒酵母、热带假丝酵母斜面菌种，0.05％美蓝染色液，棉蓝染色液。

2. 仪器与用具　显微镜，培养皿，载玻片，盖玻片，接种针，接种环，纱布，擦镜纸，吸水纸。

四、方法步骤

（一）霉菌形态观察

在洁净的载玻片中央滴 1 滴棉蓝染色液，然后用接种针从霉菌菌落的边缘挑取少量带有孢子的菌丝置于染色液中，细心地将菌丝挑散铺匀，轻轻盖上盖玻片（注意不要产生气泡），置于低倍、高倍镜下观察。

重点观察菌丝是否分隔，根霉的假根、匍匐菌丝、根节上分化出的孢囊梗、孢囊、孢囊孢子，毛霉的孢囊和孢囊孢子，青霉的分生孢子梗、小梗及分生孢子着生方式，曲霉的足细胞、分生孢子梗、顶囊、小梗及分生孢子着生方式等。

(二) 酵母菌形态观察及死、活细胞鉴定

在载玻片中央滴 1 滴美蓝染色液，用接种环取少量酵母菌与染色液混匀，染色 2～3min，盖上盖玻片。在高倍镜下观察酵母菌个体形态和出芽情况。注意区分母细菌与芽体，并根据颜色区分死细胞（蓝色）与活细菌（无色）。

(三) 自然状态下的酵母菌观察

载玻片中央滴 1 滴美蓝染色液，取酱油、腌酸菜汤上的白膜，置于载玻片染色液中，盖上盖玻片，显微镜下观察自然状态下酵母菌的形态及出芽繁殖。

(四) 霉菌、酵母菌菌落特征观察

取出霉菌、酵母菌的平皿，观察其菌落特征。注意菌落形状、大小、颜色（正面、背面、孢子颜色）、光泽、表面状态、边缘、隆起度、透明度、质地、是否分泌色素等特征。

五、实训作业

1. 绘出毛霉和根霉、青霉和曲霉形态。
2. 绘出酵母菌的形态。
3. 描述观察到的霉菌和酵母菌菌落特征。

六、思考题

为什么用美蓝染色可区分酵母菌死细胞和活细菌？用番红可以吗？

实验实训五　微生物细胞大小的测量

一、实训目的

1. 掌握目镜测微尺的校正方法。
2. 掌握用测微尺测量微生物细胞大小的方法。

二、实训原理

微生物细胞的大小是微生物重要的形态特征之一。由于细胞很小，只能在显微镜下用测微尺来测量。测微尺有镜台测微尺和目镜测微尺两种。镜台测微尺是中央部分刻有精确等分线的载玻片（图实-5），一般将 1mm 等分为 100

格，每格长 10μm（0.01mm），是专门用来校正目镜测微尺的。目镜测微尺是一块可放入目镜内的圆形玻片（图实-6），其中央有精确的刻度，有等分 50 或 100 小格两种。

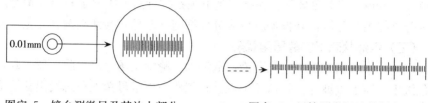

图实-5　镜台测微尺及其放大部分　　　　图实-6　目镜测微尺及其刻度

由于不同目镜、物镜组合的放大倍数不相同，目镜测微尺每格实际表示的长度也不一样。因此，目镜测微尺在使用前须用镜台测微尺校正，以求出在一定放大倍数下，目镜测微尺每小格所代表的相对长度，然后才可以用来测量微生物细胞的大小。

三、材料用具

1. 材料与试剂　枯草芽孢杆菌、金黄色葡萄球菌染色玻片，酵母菌菌悬液，产黄青霉斜面菌种，香柏油，二甲苯。

2. 仪器与用具　显微镜，目镜测微尺，镜台测微尺，玻璃棒，盖玻片，擦镜纸，吸水纸。

四、操作步骤

（一）目镜测微尺的校正

1. 把目镜的上透镜旋开，将目镜测微尺装入目镜的隔板上，使有刻度的一面朝下。

2. 把镜台测微尺置于载物台上，使有刻度的一面朝上。

3. 先用低倍镜观察，调准焦距。待视野中看清镜台测微尺的刻度后，转动目镜，使目镜测微尺的刻度和镜台测微尺的刻度相平行。

4. 移动推进器使两尺重合，再使两尺的"0"刻度完全重合（或使两尺左边的一条线完全重合）。

5. 定位后，向右仔细寻找另外一条两尺重合的刻度线（图实-7），计算两重合刻度之间目镜测微尺和镜台测微尺的刻度数。

6. 通过下式计算出低倍镜目镜测微尺每小格所代表的实际长度：

$$目镜测微尺每小格长度（\mu m）=\frac{两条重合线间镜台测微尺小格数\times10}{两条重合线间目镜测微尺小格数}$$

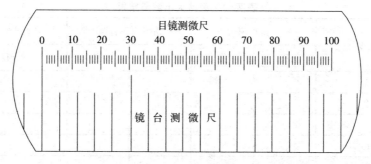

图实-7　目镜测微尺与镜台测微尺校正时情况

如图实-7中，目镜测微尺62个小格等于镜台测微尺10小格，已知镜台测微尺每格长度为$10\mu m$，那么目镜测微尺上每小格长度为$100 \div 62 = 1.61\mu m$。

7. 用同样方法校正高倍镜和油镜下目镜测微尺每格所代表的实际长度。

（二）菌体大小的测定

1. 取一张干净的载玻片，滴1滴酵母菌菌悬液，然后盖上盖玻片。

2. 取下镜台测微尺，换上酵母菌水浸片，先在低倍镜下找到目的物，然后在高镜下用目镜测微尺测量酵母菌菌体的长和宽占目镜测微尺的格数。

一般测量菌体的大小时，要在同一涂片上测定10～20个菌体，求出其平均值，才能代表该菌的大小，而且是用对数生长期的菌体进行测定。

3. 再换上枯草芽孢杆菌玻片和产黄青霉水浸片。在油镜下测定10～20个枯草芽孢杆菌菌体的大小，在高倍镜下测定10～20个产黄青霉孢子的大小。

4. 测定完毕，从目镜中取出目镜测微尺，并用擦镜纸擦拭镜台和目镜测微尺。

五、实训作业

1. 将目镜测微尺的校正结果记录于表实-1中。

表实-1　目镜测微尺校正结果

目镜倍数	物镜倍数	物镜测微尺格数	目镜测微尺格数	目镜测微尺每格长度（μm）

2. 将测得的菌体大小记录于表实-2中，并与已知的菌体大小进行比较，结果是否一致？分析产生误差的原因。

表实- 2　菌体大小测量结果

菌体编号	酵母菌		枯草芽孢杆菌		产黄青霉孢子
	长	宽	长	宽	直径
1					
2					
...					
10					
平均小格数					
平均大小（μm）					

六、思考题

为什么目镜测微尺必须用镜台测微尺校正？

实验实训六　微生物细胞数量的测定——血细胞计数板计数法

一、实训目的

理解血细胞计数板的使用原理，掌握血细胞计数板的使用方法。

二、实训原理

显微镜直接计数法是在显微镜下用计数板直接计数的方法。该法直观、快速，操作简单。但此法所测得的是死、活细胞的总数。

血细胞计数板是一块大而厚的特制载玻片，其上由 4 个沟槽构成 3 个平台，中间的平台又被一个短横槽分为 2 部分，其上各刻有一个方格网（图实-8）。中间平台比两边平台低，盖上盖玻片后，盖玻片和中央平台之间形成一个高度为 0.1mm 的空隙。

每个方格网的中央有一个由双线围成的边长为 1mm 的正方形大方格，即为计数板的计数室，是进行计数的区域，其面积为 1mm²，等分为 400 个小方格。计数室方格网的刻划方式有两种：一种是由双线将计数室分成 25 个中方格，每一中方格又被单线分成 16 个小方格（25×16）；另一种是由双线将计数

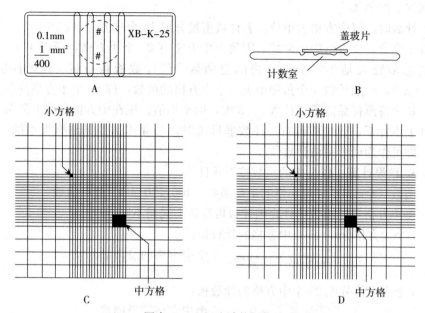

图实-8 血细胞计数板构造

A. 正面图 B. 侧面图 C. 16×25 型计数板的计数室 D. 25×16 型计数板的计数室

室分成 16 个中方格，每个中方格又被单线分成 25 个小方格（16×25）。但不管计数室是哪种刻划方式，每个小方格的面积是相同的，均为 $1/400mm^2$，当盖上盖玻片后的空隙高度是 0.1mm，所以其体积是 $1/4\,000mm^3$。

三、材料用具

1. 材料与试剂 酵母菌或其他真菌孢子悬浮液，酒精，蒸馏水。

2. 仪器与用具 显微镜，血细胞计数板，无菌吸管（或玻棒），盖玻片，镜头纸，吸水纸，纱布等。

四、操作步骤

1. 制片 取一干燥清洁的血细胞计数板，用盖玻片盖住中央平台上的两个方格网。将酵母菌或其他真菌孢子悬浮液摇匀，用无菌吸管吸取（或用玻棒蘸取）少许，从盖玻片边缘缓缓注入，使菌液自行渗入盖片下的方格网中，多余菌液便流进沟槽中。若产生气泡，应洗净擦干重做（注意：勿使菌液溢到盖片上面）。

2. 计数 将计数板置于载物台上，静置 5～10min。先在低倍镜下找到计数室，再在低倍镜或高倍镜下进行计数，计数时需不断调节细螺旋，以便看到不同深度的菌体。

计数时，以中方格为单位。若计数室被分成 16 个中方格 (25×16)，一般计数 4 个角的中方格中的菌数，因每个中方格有 25 个小方格，所以 4 个中方格的总菌数就是 100 个小方格的总菌数。若计数板被分成 25 个中方格 (16×25)，一般计数 4 个角和中央一个中方格的菌数，即 80 个小方格的菌数。

每个待测样品需重复计数 2～3 次，取平均值。压在中方格内线上的菌体，应计上不计下，计左不计右。计数酵母菌时，若芽体达到母细胞大小的一半时，即可作为两个菌体计数。

3. 结果计算　样品中的菌数按下式计算：

菌数（个/ml）=每小格的平均菌数×400×10 000×稀释倍数

每小方格平均菌数的计算因计数板构造不同而不同。

1 个大方格分成 16 个中方格的计数板：

$$每小格平均菌数=\frac{4 个中方格的总菌数}{25×4}$$

1 个大方格分成 25 个中方格的计数板：

$$每小格平均菌数=\frac{5 个中方格的总菌数}{16×5}$$

4. 血细胞计数板的保存　血细胞计数板用完后，用酒精浸泡，再用蒸馏水冲洗干净，勿用硬物擦拭或洗刷，晾干后，镜检无残留菌体和杂质后，再用擦镜纸包好保存。

五、实训作业

记录血细胞计数板的测定结果，计算出所测定的微生物细胞的数量。

六、思考题

1. 为何在计数时需不断调节焦距？
2. 与其他同学的测定结果进行比较，是否一致？分析产生误差的原因？

第二部分　综合实训

综合实训一　培养基制备技术

一、实训目的

掌握培养基的配制、分装方法和灭菌前的准备工作。

二、材料和用具

1. 材料与试剂 马铃薯，牛肉膏，蛋白胨，琼脂，葡萄糖，食盐，10％NaOH，10％HCl。

2. 仪器与用具 培养皿，吸管，天平，电炉，小铝锅，玻璃棒，量筒，三角瓶，烧杯，试管，试管架，分装漏斗或分装器，纱布，棉花，线绳，牛皮纸，pH 试纸等。

三、方法步骤

(一)培养基的制备

1. 称量 按附录 3 中牛肉膏蛋白胨培养基和马铃薯葡萄糖培养基配方，根据配制量，准确称取各种原料。

2. 溶解 在锅中加入适量水，将原料依次加入水中，难溶解的原料可加热溶解。

若配方中有淀粉，需先将淀粉加少量冷水调成糊状，并在加热条件下搅拌，然后再加其他原料和水分。若有马铃薯、胡萝卜、黄豆芽、麸皮等原料，应先将其煮沸约 30min，用纱布滤出定量滤液，再将其他原料加入滤液中。原料全部放入后，加热使其充分溶解，即成液体培养基。

若制备固体培养基，将溶解好的培养液加热至沸腾时，放入事先称好的琼脂粉或剪碎的琼脂条，继续加热，并不断搅拌至琼脂完全融化。

3. 定容 用热水补足因蒸发而损失的水量。

4. 调 pH 用 10％ NaOH 或 10％HCl 调节培养基 pH。

(二)培养基的分装

培养基应趁热分装，将培养基倒入分装漏斗或分装器中，左手持试管，右手控制止水夹，使培养基直接流入试管底部或三角瓶中（注意：勿沾污管口或瓶口，以免污染棉塞引起杂菌感染）。

固体培养基的分装量以试管管高的 1/5 为宜；液体培养基以试管管高的 1/4 为宜，倒平板的培养基每管装 15～20ml；半固体培养基以试管管高的 1/2～1/3 为宜；三角瓶以不超过容积的 1/2 为宜。

(三)制作棉塞

棉塞主要起过滤空气和防止培养基水分散失的作用。制作棉塞一般用纤维较长的普通棉花，脱脂棉易吸潮不宜使用。

棉塞的制作方法如图实-9。卷好的棉塞可直接塞入试管口，也可将棉塞外包上纱布，方法是将一小块方形纱布盖在棉塞上，拇指和食指只捏住棉塞及纱布塞入管口内，把管口外的棉花收紧、捏圆，再将外围的纱布系好或用线绳扎口，最后剪掉剩余的纱布和线绳。包纱布的棉塞利于无菌操作，不易被酒精灯燃着，还可重复使用。

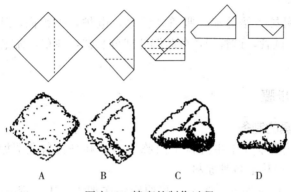

图实-9　棉塞的制作过程
A. 取棉花　B. 折角　C. 卷紧　D. 成形

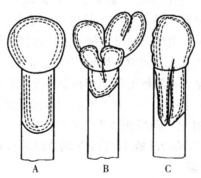

图实-10　棉塞外观
A. 正确　B. 过浅　C. 过松

棉塞的大小、松紧要适宜，2/3 塞进管内，1/3 留在管外，应略粗大（图实-10）。过于粗大，不利于拔取和堵塞，过于细小，又易进入杂菌甚至脱落；太松，与容器口贴合不紧密，过滤性差；太紧，会降低通气性。松紧以手提棉塞轻轻下甩空试管不脱落，而棉塞拔出时有轻微响声为宜。

（四）捆扎

灭菌前将试管 7～10 支扎 1 捆，或将试管装入铁丝筐中，用牛皮纸或防潮纸包住棉塞，防止灭菌时被冷凝水浸湿，在包装纸上注明培养基名称、制作人等。每个三角瓶也应在棉塞上包牛皮纸或防潮纸。

配制好的培养基应立即灭菌，若不能立即灭菌，可将培养基暂时放于 4℃

左右的冰箱中，但时间不宜过长。

四、实训作业

1. 写出制备培养基的一般程序。
2. 装培养基的容器口为何要塞棉塞？棉塞的制作标准有哪些？
3. 按要求上交制备好并完成灭菌前准备工作的培养基。

五、思考题

1. 制备培养基时，各原料溶于水后再加热的目的是什么？
2. 培养基为什么要灭菌以后再用？能用木塞或橡皮塞代替棉塞吗？
3. 培养微生物能否用同一种培养基？培养基为什么要调节 pH？

综合实训二　消毒与灭菌技术

一、实训目的

1. 掌握高压蒸汽灭菌锅的使用方法。
2. 掌握玻璃器皿的包装和干热灭菌技术。
3. 掌握常用消毒液的配制。

二、材料用具

1. 材料与试剂　待灭菌培养基，来苏儿，95％酒精，新洁尔灭。
2. 仪器与用具　高压蒸汽灭菌锅，电热干燥箱，紫外线灯，细木条，棉花，量筒，烧杯，培养皿，吸管，金属筒，报纸，广口瓶。

三、方法步骤

（一）高压蒸汽灭菌
1. 高压蒸汽灭菌锅的构造　高压灭菌锅有手提式、立式、卧式等不同类型，实验室常用的为手提式，其基本构造如图实-11。
2. 手提式高压灭菌锅的使用方法
（1）加水　往外锅内加适量水，应在锅内水位线以上，水量过少易将灭菌锅烧干。

（2）装待灭菌物品　将待灭菌的物品放入内锅，放置勿过满，以利蒸汽流通，盖上锅盖后，对角旋紧盖上的螺旋。

（3）加热排气　启动热源加热，同时打开放气阀，待放气阀冒出大量热气，持续 3～5min，确保冷空气完全排尽后，再将其关闭。也可不打开放气阀，待压力升至 50kPa 时，打开放气阀排气降压到零，重复该过程 2～3 次，也可使冷空气排尽。

（4）升压保压　冷空气排尽后，关闭放气阀，继续加热，使高压灭菌锅内的压力逐渐上升至所需压力（注意：升压要缓而稳，勿忽快忽慢），此时开始计

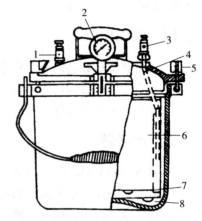

图实-11　手提式高压蒸汽灭菌锅
1. 安全阀　2. 压力表　3. 放气阀　4. 软管
5. 螺栓　6. 灭菌桶　7. 筛架　8. 水

时，并不断调节热源，使压力保持稳定，直至达到所需灭菌时间为止。不同物品应采用不同的压力和灭菌时间，液体培养基和含琼脂固体培养基一般在 103kPa 压力下，维持 15～30min。

（5）降压出锅　达到灭菌时间后，停止加热，待压力自然下降至零时，先将锅盖打开 5～10cm 的缝或将锅盖抬高 1～2cm，让热气徐徐冒出，并利用锅中余热烘干棉塞及包装纸（注意：切勿在压力"0"以上开锅，降压过急会导致培养基沸腾或玻璃器皿破裂），然后取出灭菌物品。

若培养基需摆成斜面，可在温度降至 45℃左右，把试管斜置于棍条上，以斜面长度约占管长的 1/2 为宜（图实-12）。若气温较低，可在试管上覆盖毛巾等物品，以防在试管中形成过多的冷凝水，不利于菌种成活。

图实-12　摆斜面

（6）保养　取出灭菌物品后，应立即倒出外锅中的水，保持内壁及内锅干燥，延长高压锅的使用寿命。

（二）玻璃器皿的包装及干热灭菌

1. 玻璃器皿的包装　玻璃器皿在灭菌前要进行包装。培养皿一般 5～10 套为一包，用双层报纸卷包紧实或直接放入金属筒内，然后灭菌。

吸管包装前，管口要塞入长 1～1.5cm 的棉花，以防使用时将口中杂菌吹入管内或将菌液吸入口中。棉花要松紧恰当，过紧吹费力，过松吹气时棉花会下滑。塞好后将吸管尖端斜放在 4～5cm 宽的长纸条的左端，使其与纸条成

45°角，将左端多余的纸条覆折在吸管上，再将整个吸管全部包卷入纸条中，右端剩余纸条拧捻打结，最后将包好的多只吸管用一张大纸包好成捆，也可直接放入金属筒内进行灭菌。

试管和三角瓶在灭菌前，管（瓶）口要塞上大小适宜的棉塞，管（瓶）口及棉塞外面用双层报纸或牛皮纸包好，并用线绳捆扎紧后灭菌。

玻璃器皿一般干热灭菌，若无干热灭菌设备，也可进行湿热灭菌，但湿热灭菌最好多用几层纸包卷，外层最好加一层牛皮纸或铝箔。

2. 干热灭菌 干热灭菌主要利用干燥箱进行，其方法如下：

（1）装料 将包装好的培养皿、吸管等耐高温的物品均匀放入箱内的搁板上，放置不要过满，以免影响温度上升，也不能接触到烘箱内壁的铁板，防止烧焦着火（注意：玻璃器皿不能有水，也不能用油纸、蜡纸包扎待灭菌物品）。

（2）加热升温 关闭箱门，接通电源，调节温控器旋钮至 160℃。

（3）恒温灭菌 待温度升至 160℃时，开始计时，保持 1～2h。其间要密切注意箱内温度变化，箱温勿超过 180℃。

（4）降温取料 灭菌完毕后，切断电源，使箱内温度降至 60℃以下时，才能开箱取出灭菌物品，以免引起玻璃器皿爆裂或着火。

（三）紫外线灭菌

紫外线穿透力较差，而且其灭菌效果与照射时间和距离有关，一般时间长、距离近效果好。因此紫外线只适用于空气和物体表面灭菌，照射距离以不超过 1.2m 为宜。紫外线对人有害，切不可在工作时开着紫外灯。

紫外灯一般安装在无菌室或无菌箱内，面积为 10m² 的无菌室，在工作台上方距地面 2m 处安装 1～2 只 30W 的紫外灯，每次开灯照射 30min，即可达到对室内空气灭菌的目的。

（四）常用消毒液的配制及酒精棉球的制作

1. 配制常用消毒液 参照附录 3 中的消毒液配方配制 75％酒精、3％来苏儿和 2.5％新洁尔灭。

2. 制作酒精棉球 左手握成空拳，将脱脂棉一点一点地塞入空拳内，塞满后放入广口瓶中，倒入 75％酒精将其浸透，即成酒精棉球。

四、实训作业

1. 怎样摆放斜面？摆放斜面时应注意什么问题？

2. 怎样包装吸管？为什么在管口处要塞入一小段棉花？

3. 使用高压蒸汽灭菌锅、干燥箱灭菌时应注意哪些问题？

五、思考题

1. 如何检验培养基的灭菌效果？
2. 安全阀、放气阀的作用有何不同？
3. 各种灭菌方法的适用范围有何不同？
4. 高压蒸汽灭菌时为什么要把冷空气排尽？灭菌后为什么不能骤然降压？

综合实训三　菌种移接与培养技术

一、实训目的

1. 熟悉各种接种工具。
2. 掌握菌种移接的基本方法。
3. 熟练掌握无菌操作技术。

二、实训原理

接种技术是微生物研究及生产中的一项最基本的操作技术。接种是在无菌条件下，将微生物纯种移接到已灭菌并适合该菌生长繁殖的培养基中的过程。为了获得微生物的纯种培养，要求接种过程中必须严格进行无菌操作。接种一般在接种室、接种箱或超净工作台进行，常用的接种方法有斜面接种、液体接种、平板接种和穿刺接种等。

纯培养技术是指在无菌条件下，对单一微生物进行人工培养的方法。由于微生物的特性不同，培养时需选择适宜的培养基和培养条件（表实-3）。

表实-3　四大类微生物培养要求

种　类	培养基	培养温度（℃）	培养时间（d）
细菌	牛肉膏蛋白胨	37	1～2
放线菌	高氏1号	28	5～7
酵母菌	麦芽汁	28	2～3
霉菌	马铃薯葡萄糖	28	3～5

三、材料用具

1. 材料与试剂　大肠杆菌、枯草芽孢杆菌、金黄色葡萄球菌、根霉、曲霉、青霉、细黄链霉菌、酿酒酵母的斜面菌种，牛肉膏蛋白胨、马铃薯、高氏 1 号试管斜面及三角瓶装固体培养基，牛肉膏蛋白胨液体培养基，75％酒精，5％石炭酸，3％来苏儿。

2. 仪器与用具　培养箱，无菌室（箱）或超净工作台，水浴锅，接种环，接种针，无菌镊子，无菌吸管，无菌培养皿，棉球，酒精灯，记号笔等。

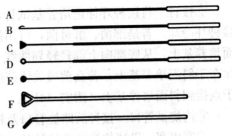

图实-13　接种工具

A. 接种针　B. 接种钩

C. 接种耙　D. 接种环　E. 接种圈

F. 玻璃涂棒正面观　G. 玻璃涂棒侧面观

四、方法步骤

1. 常用的接种工具　实验室常用的接种工具有接种环（蘸取菌苔）、接种钩（挑取菌丝）、接种圈（勺取砂种）、接种针（穿刺接种）、接种耙（挖取菌块）、玻璃涂棒（涂抹平板）等（图实-13）。首先应根据菌种及培养目的不同，选用不同的接种工具。接种环（钩、针等）的前端应选用易烧热、离火易冷却的材料，如铂金丝、镍铬丝或细电炉丝等制作。

2. 接种前的消毒　接种前清扫无菌室（箱），将菌种、培养基、酒精灯、接种工具等实验器材和用品一次性全部拿到无菌室（箱）内摆放整齐，然后进行无菌室（箱）或超净工作台灭菌。

无菌室（箱）灭菌可在使用前用紫外灯照射 30min。超净工作台使用时要提前打开紫外灯，30min 后关闭，并提前 10～20min 启动风机。

进入接种室前先将手洗净消毒，之后进入缓冲室，穿戴无菌工作服（白服、口罩、鞋、帽等），然后进入无菌室。

3. 接种　接种方法主要有斜面接种、穿刺接种、液体接种。

（1）斜面接种　从菌种管取少量菌种，移接到另一支新斜面培养基的接种方法。操作要点（图实-14）如下：

①酒精消毒　用 75％酒精棉球将手、菌种试管、接种工具、培养基试管擦拭消毒。

②灼烧灭菌　点燃酒精灯，用酒精灯火焰对接种环进行灼烧灭菌（图实-14A）。

③拔棉塞　将菌种和斜面培养基放在手掌中央，用手指托住试管，松动棉塞。用右手的小指、无名指及手掌拔掉棉塞（棉塞始终挟右手中勿放下）。

④灼烧试管口　灼烧两试管管口，杀灭可能附着的杂菌（图实-14B、C）。

⑤接种　将接种环伸进培养基试管，使接种环接触无菌的培养基部分，使接种环冷却。若是细菌、酵母菌，可用接种环轻轻挑取少许菌苔，迅速伸到斜面培养基上，从底部向上部轻轻划曲线（注意：勿划破培养基），使菌种均匀涂布于斜面培养基上；若真菌或放线菌的菌丝，可用接种钩挑取菌丝片段或孢子点接到斜面培养基上（图实-14D）。

⑥灼烧试管口　接种后略烧管口及棉塞（图实-14E）。

⑦塞棉塞　迅速灼烧灭菌接种环，并塞紧棉塞（图实-14F）。

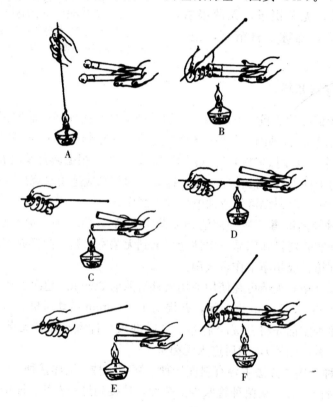

图实-14　斜面接种时的无菌操作

⑧标记　将写好的标签贴在试管口 2～3cm 处，也可用记号笔标记。

⑨培养　将接种后的试管斜面朝下放于恒温箱中于适温下培养。

（2）液体接种　用移液管、滴管或接种环等工具，将菌液移接到培养基中的方法。

（3）穿刺接种　用接种针蘸取少许菌种，自固体或半固体培养基中心垂直刺入到底，然后再按原来的穿刺线将针慢慢拔出。该法适于保藏菌种或细菌运动性检查。

五、实训作业

1. 什么叫斜面接种? 有哪些主要操作步骤?
2. 斜面接种时应注意哪些问题?

六、思考题

1. 接种成败的关键因素是什么?
2. 接种前应做哪些消毒工作?

综合实训四 微生物的分离与平板菌落计数

一、实训目的

1. 掌握混合平板的制作方法。
2. 学会微生物纯种分离和平板菌落计数方法。

二、实训原理

(一) 纯种分离原理

自然界的微生物都是混居在一起,分离的目的就是从混杂的微生物群体中获得某种微生物的纯培养体。微生物的分离方法有很多,但基本原理是相似的,即将待分离的样品进行一定的稀释,使微生物细胞或孢子尽量呈分散状态,然后用选择性培养基,在一定的条件下培养,让其长成单菌落。将典型的单菌落转接到斜面上就成为纯种。有时这种单菌落并非都由单个细胞繁殖而来的,故必须反复分离多次才可得到纯种。

(二) 平板菌落计数原理

平板菌落计数法是将待测样品制成均匀的、一系列不同稀释倍数的稀释液,并尽量使样品中的微生物细胞分散开来,使之呈单个细胞存在,再取一定稀释度、一定量的稀释液接种到平板中,使其均匀分布于平板中的培养基内。经培养后,由单个细胞生长繁殖形成肉眼可见的菌落,即一个单菌落代表原样品中的一个活的单细胞。统计菌落数目,即可计算出样品中所含的活菌数。在实际操作中,由于待测样品往往不易完全分散成单个细胞,长成的一个单菌落也可能来自样品中的多个细胞。因此平板菌落计数的结果往往偏低，为了清楚地阐述平板计数的结果，现在一般用菌落形成单位（CFU），而不以绝对菌数来表示样品中的活菌数量。

三、材料用具

1. 材料与试剂 待分离固体或液体样品，无菌三角瓶（内装 90ml 无菌生理盐水和十几粒玻璃珠），无菌试管（内装 9ml 无菌生理盐水），牛肉膏蛋白胨、高氏 1 号、马铃薯培养基，75%酒精棉球，甲醛。

2. 仪器与用具 天平，培养箱，超净工作台或无菌室（箱），试管，接种环，无菌吸管，无菌培养皿（直径 9cm），玻璃涂棒，试管架，手持喷雾器，无菌镊子，酒精灯，接种环，天平，称样瓶，火柴，记号笔等。

四、方法步骤

（一）无菌操作技术

无菌操作主要是指在微生物实验中，控制或防止各类微生物的污染及其干扰的一系列操作方法和相关措施，其中包括无菌环境、无菌实验材料和用具、无菌操作方法等。

菌种分离或菌种移接需在无菌的环境条件下进行，整个操作过程需严格无菌操作，否则会因杂菌的感染而导致操作失败。因此，严格的无菌操作是菌种分离或移接成功的关键。

1. 无菌环境 环境的无菌是相对的，可利用物理或化学的方法，在一个可控制空间内使微生物数量降到最低限度，接近于无菌的一种空间。超净工作台或无菌室（箱）是常用的接种环境，用前先清洁好卫生，再进行消毒处理。可用紫外灯照射 30min，或用 3%来苏儿、甲醛等消毒剂喷雾或熏蒸处理。

2. 无菌操作 操作过程中不能说笑、跑跳、打闹等，以免增加感染杂菌的机会；整个操作过程都要在靠近酒精灯火焰处完成；操作人员的手应先用肥皂洗净，操作前再用酒精棉球擦拭消毒；接种工具在使用前、后必须在酒精灯火焰上烧过灭菌；棉塞在整个操作中只能夹在手上，不能乱放。

（二）划线分离法

1. 制平板 以无菌操作法将冷却至 50℃左右的培养基倒入无菌培养皿中（图实-15），每个培养皿约 15ml，以培养基刚覆盖皿底为宜，放平待其凝固后即成平板培养基。

2. 制备菌悬液 取少许样品移入装有

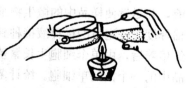

图实-15 倒平板培养基

5ml 无菌水的 1 号试管中并摇匀，再用接种环从 1 号试管中取一环菌液，移入 2 号无菌水试管中并摇匀，再从 2 号试管中取一环菌液移入 3 号无菌水试管中，充分摇匀后制成较小稀释度的样品菌悬液，即可作划线分离。从 3 支试管中各取一环菌液，分别在 3 个平板培养基上划线，每个稀释度最好做 2～3 次重复。

3. 划线 划线时，左手持平板培养基，并将皿盖掀起一小缝，右手持带有菌液的接种环，在平板培养基上以交叉法轻轻划线：一般先在平板培养基上平行划 3～4 条线（图实-16A），取出接种环，将培养皿盖严后转动 70°，把接种环上的余菌烧掉，冷却后，用接种环通过第一次划线区作第二次平行划线（图实-16B），这样连续作第三次（图实-16C）、第四次划线（图实-16D）。每次划线后，培养皿约转动 70°，灼烧接种环。

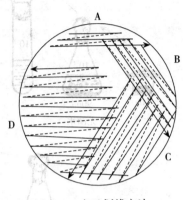

图实-16 交叉划线方法

4. 培养 将接种后的平板放入培养箱中倒置培养（注意：倒置是为了防冷凝水冲散菌体）。细菌于 37℃培养 1～2d，霉菌、酵母菌于 28℃培养 2～5d。

5. 纯化 挑选所需单菌落移至斜面培养基上，继续培养至长满斜面，即为初步纯化的菌种，再经过 2～3 次纯化就可获得纯种。

（三）稀释分离法

1. 样品稀释 准确称取待测样品，一般固体样品 10g，液体样品 10ml，用无菌操作法放入装有 90ml 无菌生理盐水的三角瓶中，充分振荡 15～20min，制成 10^{-1} 菌悬液。

另取一支无菌吸管，将口端、吸液端迅速通过酒精灯火焰 2～3 次，杀死拆包装纸时污染的杂菌。左手持三角瓶，右手持吸管，右手的小指和无名指挟取棉塞，将吸管伸进三角瓶底部吸取 1ml 菌液，注入到第一支装有 9ml 无菌水的试管中，混匀后即成 10^{-2} 菌液。再取另一支吸管吸取 1ml 菌液，注入到第二支装有 9ml 无菌水的试管中，混匀即成 10^{-3} 菌液。依此法按 10 倍序列稀释至适宜稀释度（注意：每换一个稀释度取 1 支新吸管）。

2. 制混合平板 取连续的 2～3 个稀释度菌液，用吸管吸取 0.2ml 菌液于无菌培养皿内，随即倒入 45～50℃的琼脂培养基（可放在水浴锅中保温）约 15ml，以培养基刚覆盖皿底（厚约 3mm）为宜，将培养皿在平面上作顺时针或逆时针方向轻轻滑动，使菌液与培养基混合均匀（注意：勿使培养基沾到皿盖及边缘上），放平待其凝固后即成混合平板。每个稀释度重复 2～3 次，每套培养皿底面均应注明稀释度（图实-17）。

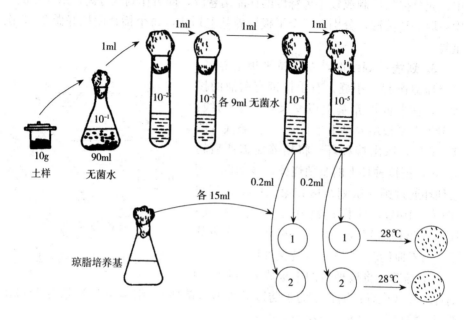

图实-17　稀释分离过程示意图

3. 培养、纯化　将培养皿倒置于适宜温度下培养，待出现菌落后再把所需的单菌落移入斜面培养基纯化。

（四）平板菌落计数

1. 样品稀释　同稀释分离法。

2. 编号　取 9 套培养皿，在皿底注明稀释度，每个稀释度重复 3 次。

3. 加样　根据样品中估计的菌数，一般真菌用 $10^{-2}\sim10^{-4}$ 稀释液，细菌用 $10^{-6}\sim10^{-8}$ 稀释液，放线菌用 $10^{-3}\sim10^{-5}$ 稀释液。选取连续的 3 个稀释度菌液，用吸管吸取 1ml 菌液加入对应的无菌培养皿内。

4. 制平板　随即倒入 50℃ 左右的琼脂培养基约 15ml，以培养基刚覆盖皿底为宜，将培养皿在平面上轻轻滑动，使菌液与培养基混合均匀，放平待其凝固后即成混合平板。

5. 培养　将接种后的混合平板放入培养箱中，倒置培养。

6. 计数　计数平板上菌落数量，一般选择每个平板上长有 30～300 个菌落的稀释度，算出同一稀释度 3 次重复的菌落平均数，再根据公式求出样品的含菌量。若不同稀释度间的计算结果相近，则结果比较准确可靠。

$$样品含菌数（CFU/ml）=\frac{同一稀释度平均菌落数×稀释倍数}{平板菌液注入量}$$

五、实训作业

1. 怎样制混合平板？怎样将样品进行系列稀释？
2. 怎样才能做到无菌操作？
3. 上交分离出的纯种。

六、思考题

1. 接种后的培养皿为什么在培养时要倒置？
2. 制混菌平板时，为何培养基须冷却到 50℃左右时才倒入含有菌液的培养皿中？
3. 平板划线时，为何每次都要烧掉接种环上的余菌？

综合实训五　菌种保藏

一、实训目的

了解菌种保藏的原理，掌握常用的菌种保藏方法。

二、实训原理

根据微生物的生理、生化特性，人为地创造低温、干燥或缺氧、缺营养等条件，抑制微生物的代谢作用，使其生命代谢活动降到极低的程度或处于休眠状态，从而达到延长保藏时间的目的，同时要保持菌种原有优良性状不变。

三、材料用具

1. 材料与试剂　枯草芽孢杆菌、大肠杆菌、细黄链霉菌、青霉、曲霉、酵母菌斜面菌种，牛肉膏蛋白胨、高氏 1 号、马铃薯斜面培养基，牛肉膏蛋白胨培养液，河沙，瘦黄土，无菌水，液体石蜡，固体石蜡，无水氯化钙或五氧化二磷，10％HCl。

2. 仪器与用具　高压蒸汽灭菌锅，培养箱，干燥箱，10mm×70mm 无菌试管，无菌吸管，接种环，孔径 0.30mm 和 0.172mm（60 目和 100 目）的筛子，干燥器，冰箱，真空泵，三角瓶，橡皮塞。

四、方法步骤

1. 斜面低温保藏 将生长丰满的斜面菌种，放于 4℃左右冰箱中保藏（注意：温度不宜太低，否则斜面培养基结冰脱水，加速菌种死亡或退化）。此法保藏的菌种，一般细菌的营养体、酵母菌每隔 3 个月，细胞芽孢、霉菌和放线菌每隔 6 个月需要重新转管培养一次。

此法简单，但保藏时间短，由于移接次数多而易使菌种退化。

2. 石蜡油保藏

（1）灭菌 取液体石蜡装入三角瓶，塞上棉塞，并用牛皮纸包扎。另将 10ml 吸管若干支也包好，105kPa 灭菌 1h。

（2）干燥 灭菌后，将液体石蜡放在 105～110℃ 干燥箱内干燥 1h，使其中的水分蒸发掉。

（3）无菌检查 将灭菌后的液体石蜡移接在空白斜面上，于 28～30℃ 培养 2～3d，无杂菌生长方可使用。

（4）保藏 用无菌吸管将无菌的液体石蜡注入待保藏的斜面菌种内，液面高出斜面顶端 1～1.5cm，塞上橡皮塞，用固体石蜡封口，直立于低温干燥处保藏。使用时，可直接从液体石蜡中挑取菌体，移接到斜面培养基上进行活化培养。

此法既可防止培养基水分蒸发，又能隔绝空气而使代谢性能降低，但存放时要求直立。可保藏各类微生物，一般保藏时间在 1 年以上，低温下时间更长。

3. 沙土管保藏

（1）取细沙过孔径 0.3mm（60 目）筛，生土过孔径 0.172mm（100 目）筛，分别用 10% 盐酸浸泡 2～4h，再用流水冲洗至 pH 达中性，然后烘干或晒干。

（2）将沙与土以 4∶1 或 2∶1 混匀，用磁铁吸出铁质，分装试管，每管约 2g，塞好棉塞并包纸，在 105kPa 灭菌 1h，再干热灭菌 1～2 次，抽检无杂菌即可使用。

（3）将已形成芽孢的斜面菌种，以无菌操作法注入 3～5ml 无菌水，刮菌苔，制成菌悬液。用无菌吸管将菌悬液滴入沙土管中，浸透沙土为止。

（4）将沙土管放入盛有干燥剂氯化钙或五氧化二磷的干燥器中，用真空泵抽气数小时，使沙土管迅速干燥。

（5）制备好的沙土管用石蜡封口即可。

此法不需加入培养基，保存期长，不易退化，是当前应用最广的方法。适于保藏细菌芽孢、放线菌和霉菌的孢子，保藏时间一至数年，但不适宜保藏营养体。

五、实训作业

1. 简述菌种保藏的原理，列表比较斜面低温保藏法、液体石蜡保藏法、沙土管保藏法。

2. 上交采用液体石蜡保藏法、沙土管保藏法制备的待保藏菌种。

六、思考题

沙土管保藏为何适于保藏孢子和芽孢，而不适于保藏营养细胞？

综合实训六　抗生素效价的生物测定

一、实训目的

掌握管碟法测定抗生素效价的基本原理和方法。

二、实训原理

抗生素效价的测定方法可分为物理法、化学法和生物学法，生物学法是利用抗生素对特定的微生物有抗菌活性的特点，从而计算出抗生素样品的效价。生物测定法分为扩散法、稀释法、比浊法三大类。管碟法是扩散法中的一种，是国际上测定抗生素效价最常用的方法。此法是利用抗生素抑制敏感菌的直接测定方法，灵敏度高，不需特殊设备等优点被世界各国所公认，作为国际通用的方法被列入各国药典法规中。

管碟法是将规格一定的不锈钢小管（牛津杯）置于带敏感细菌的琼脂平板上，管中加入抗生素检测液，在室温下扩散一定时间后放入温箱培养。在菌体生长的同时，被测抗生素扩散到琼脂平板内，抑制或杀死周围敏感细菌，从而产生不长菌的透明抑菌圈。在一定的范围内，抗菌物质的浓度（对数值）与抑菌圈直径呈线性关系。因此，根据抑菌圈直径的大小，可以求出相应的抗菌物质的效价。

三、材料用具

1. 材料与试剂 金黄色葡萄球菌斜面菌种，牛肉膏蛋白胨试管及三角瓶装培养基，0.85%无菌生理盐水，50%无菌葡萄糖、pH6.0 1%无菌磷酸盐缓冲液，1 667IU/mg 氨苄青霉素钠盐标准品，待检测发酵液。

2. 仪器与用具 离心机，光电比色计，牛津杯（内径 6mm，外径 8mm，高 10mm），无菌培养皿（直径 90mm，深 20mm），无菌滴管，移液管，无菌镊子，试管，酒精灯，接种环，陶瓦盖或砂盖，半对数坐标纸，游标卡尺。

四、方法步骤

1. 金黄色葡萄球菌菌悬液的制备 将金黄色葡萄球菌斜面菌种接种于新鲜斜面培养基上，37℃培养 18～20h，连续转接 3～4 次，使菌种充分恢复其生理活性。然后用 0.85%生理盐水洗下菌体，离心沉淀，倾去上清液，菌体沉淀再用生理盐水洗涤 1～2 次，最后将其稀释至 10^9 个/ml，或用光电比色计测定，波长 650nm 透光率 20%。

2. 标准溶液的制备 精确称取 15～20mg 氨苄青霉素标准品，溶解在适量的 pH6.0 1%磷酸缓冲液中，再稀释成 10IU/ml 青霉素标准工作液。按表实-4 配制成不同浓度的青霉素标准溶液，于 5℃条件下保存备用。

表实-4 不同浓度标准青霉素液的配制

编号	10IU/ml 工作液（ml）	pH6.0 磷酸盐缓冲液（ml）	青霉素含量（IU/ml）
1	0.4	9.6	0.4
2	0.6	9.4	0.6
3	0.8	9.2	0.8
4	1.0	9.0	1.0
5	1.2	8.8	1.2
6	1.4	8.6	1.4

3. 双层扩散平板的制备

（1）取 18 套无菌培养皿，分别加入已融化的牛肉膏蛋白胨培养基 20ml，凝固后作为底层。

（2）取融化并冷却至 45～50℃的牛肉膏蛋白胨培养基，每 100ml 培养基加入 50%葡萄糖 1ml 和金黄色葡萄球菌菌悬液 3～5ml（注意：要控制金黄色葡萄球菌菌液的浓度，以免其影响抑菌圈的大小），迅速混匀，并在每个底层平板内分别加入 5ml 含菌培养基，使其在底层平板上分布均匀，并凝固成上层平板培养基。

（3）双层扩散平板制备完成后，在每个双层平板中以等距离放置 6 个牛津杯，盖上陶瓦盖备用。

4. 标准曲线的制作

（1）在每个双层扩散平板上的 6 个牛津杯间隔的 3 个中各加入 1IU/ml 的标准品溶液，在 3 个空牛津杯中均加入不同浓度的标准液 0.2ml（标准液量与杯口水平为准，每一稀释度应更换一只吸管），每个浓度做 3 次重复（图实-18）。

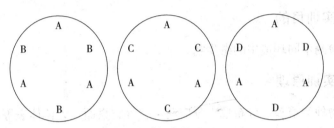

图实-18　牛津杯的摆放
A. 标准溶液　　B、C、D. 不同稀释度溶液

（2）全部盖上陶瓦盖，并在 37℃培养 16～18h。

（3）移去牛津杯，用游标卡尺精确测量各抑菌圈的直径，计算出每个平板上 1.0IU/ml 标准品及其他各浓度标准品抑菌圈直径的平均值，再求出 6 个稀释度中 1.0IU/ml 标准品抑菌圈直径的平均值，总平均值与每组 1.0IU/ml 标准品抑菌圈直径平均值的差，即为各组的校正值。

（4）以校正后的抑菌圈直径为横坐标，以青霉素的浓度（对数值）为纵坐标，在半对数坐标纸上描点作图，即可绘出青霉素的标准曲线。

5. 待测样品效价的测定　取 3 套双层扩散平板，在每个平板上的 6 个牛津杯间隔的 3 个中各加入 1.0IU/ml 的标准品溶液，其他 3 个牛津杯中各加入适当稀释的样品发酵液，盖上陶瓦盖后，于 37℃培养 16～18h。精确测量每个抑菌圈的直径，分别求出标准品溶液和样品溶液 9 个抑菌圈直径的平均值，按照上述标准曲线的制备方法求出校正值后，将样品溶液的抑菌圈直径的平均值进行校正，再从标准曲线中查出标准品溶液的效价，并换算成每毫升样品所含的单位数。

五、实训作业

记录待测发酵液样品的效价。

六、思考题

1. 用管碟法测抗生素效价时，影响数据准确性的因素有哪些？
2. 抗生素效价测定为什么不用玻璃皿盖而用陶瓦盖？

第三部分　拓展实训

拓展实训一　环境中微生物的检测

一、实训目的

学会检测不同环境中的微生物。

二、实训原理

微生物种类繁多，分布也十分广泛，空气、桌面、人体体表等都存在微生物。环境的卫生状况，空气中微生物数量的多少，直接影响微生物的纯培养。通过检测实验室环境和人体体表的微生物，比较不同场所微生物的类型和数量，体会无菌操作的重要性。

三、材料用具

1. 材料与试剂　牛肉膏蛋白胨、马铃薯葡萄糖三角瓶装培养基。

2. 仪器与用具　无菌培养皿，无菌水，无菌棉签，接种环，酒精灯，水浴锅，记号笔。

四、方法步骤

1. 倒平板　将牛肉膏蛋白胨、马铃薯葡萄糖培养基融化，无菌操作法倒入无菌平皿中，每组各倒 10 套平皿。用记号笔在皿底做好记号，注明组别、日期及样品来源。

2. 微生物的检测

（1）空气中微生物的检测　取上述 2 种培养基平板，分别放在室外空气、宿舍、接种室、培养室、实验室，打开皿盖暴露 5min，然后盖上皿盖。

（2）实验台面上微生物的检测

①湿润棉签　将无菌棉签插入无菌水中，湿润棉签，再提出水面，在管壁上挤压一下以除去过多的水分。

②取样　用湿棉签擦拭约 2cm² 的实验台面。

③接种　将棉签伸人平板内，在培养基表面滚动一下，立即盖上皿盖。

④划线　用接种环从接种处开始划线。

（3）人体体表微生物的检测

①手指　用未洗过的手指在 2 种平板的表面轻轻地来回划线，盖上皿盖。然后用肥皂洗手，在流水中冲洗干净。干燥后，在另 2 种平板表面来回划线，盖上皿盖。

②头发　在揭开皿盖的平板上方，用手将头发用力摇动数次，使微生物降落到平板表面，然后盖上皿盖。

③咳嗽　将揭开皿盖的平板放在离口 6～8cm 处，对着培养基表面用力咳嗽，然后盖上皿盖。

3. 培养　将接种后的平板倒置放入培养箱，细菌于 37℃培养 1～2d，霉菌于 28℃培养 3～5d。

4. 菌数统计　待平板长出菌落，用肉眼或放大镜计数菌落数量。

五、实训作业

哪一种环境中的菌落数与菌落类型最多？分析原因。

六、思考题

通过本次实训，为防止培养物的污染，你有什么体会？

拓展实训二　苏云金芽孢杆菌的复壮

一、实训目的

掌握利用寄主复壮病原微生物的一般方法。

二、实训原理

苏云金芽孢杆菌是一种重要的杀虫细菌，对玉米螟、稻苞虫、棉铃虫和菜青虫等几十种鳞翅目昆虫的幼虫有很好的致病力。但生产菌种长期在室内人工培养基上培养往往会出现衰退，具体表现为产芽孢或伴孢晶体的数量越来越少，毒力下降等。为了保持生产菌种的原有性状和毒力，需要经常进行复壮。

其复壮的方法是用生产菌种制备菌悬液，然后将它拌到饲料中饲养昆虫，待昆虫死后，再从虫体内重新分离出苏云金芽孢杆菌。如此重复 3～4 次，即可恢复苏云金芽孢杆菌的杀虫毒力。

三、材料用具

1. 材料与试剂　苏云金芽孢杆菌，3 龄菜青虫，新鲜叶片，牛肉膏蛋白胨培养基，75％酒精，5.25％次氯酸钠，10％硫代硫酸钠。

2. 仪器与用具　显微镜，无菌培养皿，无菌水，剪刀，无菌滴管，镊子。

四、方法步骤

1. 制备菌液　将苏云金芽孢杆菌接种到试管斜面培养基上，于 30℃培养 24h，然后用无菌水洗下菌苔制成菌悬液。

2. 感染昆虫　将饲喂昆虫的叶片浸入菌悬液中数秒钟，捞起晾干。用带菌的叶片饲喂健壮的 3 龄昆虫。

3. 采集死虫　待昆虫感染病菌死亡后，把褐色的死虫虫体收集到无菌培养皿中。由于病菌在虫体内大量繁殖，使虫体体壁变得薄而易破，采集时要小心。

4. 结扎虫体　为防止消毒液渗入昆虫体腔，先用棉线将虫体的口腔和肛门扎住。

5. 虫体表面消毒　将虫体浸入 75％酒精中，消毒数秒钟后移入 5.25％次氯酸钠溶液中 3～5min，再将虫体转入 10％硫代硫酸钠溶液中浸 3～5min，以除去游离的氯，最后用无菌水冲洗虫体 4～5 次。

6. 分离细菌　将消毒后的虫体置于无菌培养皿中，在无菌条件下，用剪刀沿虫体的背线或侧线剖开，就有褐色的体液流出。然后用无菌吸管吸取褐色体液，加入到带有玻璃珠的三角瓶无菌水中，充分振荡，然后用综合实训四——平板划线或稀释分离法进行分离、纯化。

7. 挑选单菌落　30℃培养 24h 后，从平板上挑选灰黄色、不透明、有皱纹、边缘不规则的有苏云金芽孢杆菌典型特征的单菌落，接种到斜面培养基培养。

8. 镜检　挑取 30℃培养 48h 的苏云金芽孢杆菌涂片，经芽孢染色后，置油镜下观察。苏云金芽孢杆菌菌体呈杆状，两端钝圆，芽孢囊不膨大，芽孢呈卵圆形，生于细胞的一端，另一端形成菱形或正方形的伴孢晶体。

9. 保藏　将检查合格的菌株直接放入冰箱中保藏或采取冻干保藏。

五、实训作业

将复壮的苏云金芽孢杆菌的结果记于表中。

单菌落编号	菌落特征	芽孢形状	芽孢着生位置	有无伴孢晶体

六、思考题

1. 分离苏云金芽孢杆菌前为什么要对虫体消毒？
2. 苏云金芽孢杆菌的菌体和菌落有哪些特征？

拓展实训三　食用菌菌种生产技术

一、实训目的

1. 会制备食用菌母种、原种、栽培种培养基。
2. 会食用菌菌种分离，能分离出食用菌纯种。
3. 能培养出食用菌母种、原种和栽培种。

二、实训原理

食用菌的菌种分为母种、原种和栽培种三级。母种是通过一定的分离方法培养获得，并经鉴定为种性优良，遗传和生理性状相对稳定的，在试管斜面上生长和保存的纯菌丝体及其营养基质；原种是由母种转接到天然培养基经培养而成的菌种；栽培种是由原种转接到天然培养基上扩大繁殖而成的菌种。食用菌菌种分离方法有组织分离法、孢子分离法和基内菌丝分离法。其中组织分离法操作简便，菌丝萌发快，可保持原有菌种的优良性状和特性，生产上最为常用。

三、材料用具

1. 材料与试剂　平菇、木耳或金针菇母种，平菇种菇，棉花，报纸，马铃薯，棉子壳或阔叶树木屑，麸皮或米糠，石膏，葡萄糖，75％酒精，气雾消毒剂。

2. 仪器与用具　天平，高压蒸汽灭菌锅，接种箱，漏斗分装器，试管，17cm×35cm 塑料袋，尼龙绳，菌种瓶，接种钩，接种匙，解剖刀，酒精灯，手持喷雾器。

四、方法步骤

1. 配制培养基　母种培养基（PDA）配制方法见综合实训一——马铃薯葡萄糖培养基配制。

原种、栽培种培养基制作方法如下：

（1）培养基配方　生产原种、栽培种的配方很多，生产上常用的配方有：

①棉子壳培养基　棉子壳 88%，麸皮或米糠 10%，蔗糖 1%，石膏 1%。

②木屑培养基　阔叶树木屑 77%，麸皮 20%，蔗糖 1%，石膏 1%，过磷酸钙 1%。

（2）拌料　原料使用前曝晒 2～3d，按配方和配制量称取原料。将易溶物质溶于适量水中，其他的原料干翻拌匀后，再加水进行搅拌。

拌料要求充分拌匀，干湿一致，使培养料的含水量达到 60% 左右，即手握培养料指缝有水渗出，但不滴下为度。培养料不可过湿或过干。

（3）装瓶（或袋）　原种培养基装入菌种瓶中，料时上下均匀一致，培养料装至瓶肩处，用一个锥形捣木从上向下打孔，直至瓶底，然后塞上棉塞（图实- 19）。

栽培种培养基一般用塑料袋作为容器，装料时要松紧适宜，袋两头用绳系成活结。

（4）灭菌　一般采取高压蒸汽灭菌，当压力达到 0.137MPa 保持 1～2h。栽培种培养基也可采取常压蒸汽灭菌，当温度达 100℃ 后，保持 8～10h。

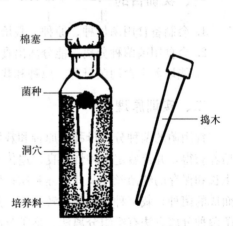

图实- 19　菌种瓶及捣木

棉塞　菌种　洞穴　培养料　捣木

2. 菌种分离

（1）种菇选择　从产量高、长势好、出菇整齐的菌袋（床）上，挑选出菇早、菇形正、生长健壮、无病虫害、八成熟的子实体作为分离材料。

（2）分离方法　先用 75% 酒精棉球擦拭菇体表面，然后用手沿菌柄、菌盖撕开，在撕开的无菌剖面上，用灭菌的解剖刀在菇盖与菇柄交界处切下一小块菇（绿豆大小）组织，再用灭菌的接种针迅速移接到斜面培养基上，塞好棉塞，置 24～26℃温度下培养。

（3）转管纯化　待组织块上长出白色绒毛状的菌丝，挑取尖端菌丝转管1～2 次继续培养，待菌丝长满斜面，即为母种。

3. 菌种扩繁

（1）母种的扩繁　生产上，母种一般要转管 2～3 次，以增加母种数量。但转管次数不能过多，以免导致菌种退化。接种后的试管应立即贴上标签，标上菌种名称、接种日期，置 23～25℃条件下培养。

（2）原种的扩繁　将灭菌后的原种培养基、接种工具移入接种室或超净工作台上，熏蒸或紫外线消毒。待培养料温降至 30℃时，按无菌操作方法接种。将母种切成 3～5 小块，挑取一块菌种迅速接入原种培养基上，并使菌丝紧贴培养料，塞上棉塞。然后贴好标签，注明菌种名称和接种日期，置 23～28℃培养室中培养。

（3）栽培种的扩繁　与原种制作要求一样，无菌操作。接种时可 1 人操作，也可 2 人操作。1 人操作时，先将原种表面菌皮挖掉，置接种架上，瓶口对准火焰，在火焰区内解开料袋口，用接种匙取种接入料袋；2 人操作时，1人取放料袋和解口、扎口，另 1 人接种。接种完毕，放进培养室竖立在菌种架上，适温下培养。

五、实训作业

记录培养期间的温度，报告菌丝生长速度和菌袋污染率。

六、思考题

1. 食用菌菌种为什么要经过三级扩繁？
2. 原种、栽培种培养基的灭菌时间为何要比母种培养基灭菌时间长？

拓展实训四　平菇、木耳栽培技术

一、实训目的

1. 会发酵料袋栽平菇，并能培养出平菇子实体。

2. 会熟料袋栽木耳，并能培养出木耳子实体。

二、实训原理

食用菌的栽培方式多种多样，根据栽培原料可分为段木栽培、代料栽培；根据培养料的处理方式分熟料栽培、生料栽培和发酵料栽培；根据栽培容器可分为袋栽、床栽、瓶栽、畦栽、箱栽等。生产上应根据栽培菌类的生物学特性及对生活条件的要求，选择适当的栽培方式和栽培季节。

三、材料用具

1. 材料与试剂　平菇和木耳栽培种，棉子壳，木屑，麸皮，石膏，石灰，过磷酸钙，50%多菌灵可湿性粉剂，1%高锰酸钾，气雾消毒剂，75%酒精。

2. 仪器与用具　高压或常压灭菌锅，台秤，温度计，铁锹，手持喷雾器，接种箱，接种钩，塑料袋，农用薄膜，尼龙绳，接种工具，刀片。

四、方法步骤

1. 平菇发酵料袋栽

（1）**配料**　选择新鲜、干燥、无结块的棉子壳，使用前最好在阳光下曝晒 1～2d。配方为棉子壳 96%，石灰 2%，过磷酸钙 1%，石膏 1%，多菌灵 0.1%。

（2）**建堆发酵**　将各种原料拌匀后，建成宽 1～1.5m、高 0.8～1.2m，长度不限的发酵堆。起堆要松，表面稍加拍平后，每隔 30cm 自上而下打一个透气孔，以改善料堆的透气性。堆内插上温度计，随后在料堆顶部覆盖草帘或麻袋。

当堆温达 60℃维持 24h 进行第 1 次翻堆。翻堆时要上翻下，内翻外。然后复堆，当堆温再次达到 60℃以上时，保持 12～24h 后翻堆。一般翻堆 3～4 次，发酵 6～8d。最后一次翻堆拌入 50%的多菌灵。发酵好的培养料松散而有弹性，略带褐色，无异味，含水量 65%左右。

（3）**装袋播种**　选用 26～28cm×50～55cm×0.015cm 的塑料袋。将平菇栽培种掰成蚕豆粒大小。采用层播法接种，一般 3 层菌种 2 层料或 4 层菌种 3 层料，两头的菌种稍多些，用种量为干料重 10%～15%。装袋要松紧一致，袋装好后在菌种层扎上通气孔，然后移入培养室。

（4）**菌丝培养**　菌丝培养阶段主要是要控制好温度和通风条件。培养温度可通过菌袋堆叠密度和高度来调节，料温不宜超过 30℃。保持空气新鲜和较弱的光线，空气相对湿度控制在 70%以下，并注意防止杂菌污染和鼠害。

（5）出菇管理 在适宜的条件下，播种后30d左右，菌丝长满培养料即可进行出菇管理。采用立体堆积摆放的方式出菇，每排之间应留有80cm走道。菇房内温度控制在13～17℃，湿度增加至90％左右，前期向墙壁和地面喷水，在后期可直接往菇体上喷，并加强通风和散射光照射。经5～7d平菇长至八成熟即可采收。

2. 木耳熟料袋栽技术

（1）配料 配方为阔叶树木屑83％，麦麸15％，石膏粉1％，糖1％。

（2）拌料 将原料干翻拌匀，逐渐加水，使培养料含水量达60％为宜，即手握培养料指缝有水渗出，但不滴下为度。

（3）装袋 选用17～20cm×37～40cm×0.04cm的塑料袋装料，装料要松紧适度。

（4）灭菌 高压蒸汽灭菌当压力达到0.137MPa保持1～2h；或常压蒸汽灭菌当温度达到100℃时保持8～10h。

（5）接种 料袋灭菌后移入接种室或接种箱，待袋温降至30℃左右时抢温接种。接种时要严格无菌操作，刮去原种表面的老菌皮，将菌种接入料袋内，让菌种紧密接触培养料。

（6）菌丝培养 接种后料袋移入培养室，菌丝生长期间温度控制在24～28℃，依据菌丝生长量的大小，结合温度管理，适当通风。空气相对湿度控制在70％以下，避光培养，每周对培养室消毒1次。一般经过40～50d生长，菌丝可长满料袋。

（7）开口 用刀片在长满菌丝的料袋划"V"形口，每袋开4行，每行3个口，开口长度1.5cm。划口要划破塑料袋，深入料内1～2mm。

（8）催耳 将料袋竖放，3d后每天向料袋喷水2次，保持垛内相对湿度在85％～95％。开口后2～3d菌丝开始发白愈合，逐渐变成米粒状耳基。

（9）吊挂 经12～15d耳基长至手指大小时，将菌袋移入菇房，及时吊挂。

（10）出耳管理 出耳阶段温度控制在20～24℃，湿度不低于85％，喷水次数要根据天气及耳棚的地理位置灵活掌握，同时也要注意通风微光。

（11）采收 成熟耳片内面的一层粉状物完全消失，耳片柔软，薄而透明，耳背面的绒毛稀少，外观色泽变浅，耳片边缘下垂。

五、实训作业

1. 报告平菇和木耳的发菌和出菇期间的温度，以及满袋和出菇的时间。

2. 测定平菇和木耳第一茬的产量，计算生物转化率。

六、思考题

1. 平菇培养料为什么要发酵？发酵时翻堆有何作用？
2. 木耳培养料为什么要灭菌？出耳时为什么要吊挂？

拓展实训五　酸乳和甜酒酿的制作

一、实训目的

会制作酸乳和甜酒酿。

二、实训原理

　　酸乳是以牛乳为主要原料，接入一定量乳酸菌，经发酵后而制成的一种乳制品饮料。当乳酸菌在牛乳中生长繁殖和产酸至一定程度时，牛乳中的蛋白质因酸而凝结成块状，并产生一些次生代谢物质，使酸乳具有清新爽口的味觉。此外，由于酸乳中含有乳酸菌的菌体及代谢产物，它对肠道内的致病菌有一定的抑制作用，故对人体的肠胃消化道疾病也有良好的治疗效果。

　　甜酒酿是我国传统的发酵食品，因其具有香甜醇味而备受喜爱。甜酒酿是将大米经过蒸煮糊化，然后接种甜酒药，酒药中的霉菌产生淀粉酶将糊化后的淀粉糖化成葡萄糖。酒药中的酵母菌再将葡萄糖糖转化成酒精，经后熟使甜酒酿具有独特的甜醇口味。

三、材料用具

1. 材料与试剂　市售酸乳，甜酒药，鲜牛奶或全脂奶粉，糯米，蔗糖。
2. 仪器与用具　玻璃瓶，蒸锅，坛子，水浴锅，培养箱，冰箱。

四、方法步骤

1. 酸乳的制作

（1）配料　用市售鲜牛奶，或用奶粉按 1∶7 的比例加水配制成复原牛奶，加入 5％～6％蔗糖调匀。

（2）消毒　将牛奶于 80℃消毒 15min，或者于 90℃消毒 5min。

（3）冷却　将已消毒过的牛奶冷却至 45℃。

（4）接种　以 5%～10%接种量将市售酸乳接种到冷却后的牛奶中，并充分摇匀。

（5）装瓶　玻璃瓶提前消毒，一般 250ml 玻璃瓶装入 200ml 牛奶。

（6）培养　把玻璃瓶置于培养箱中，40～42℃培养 3～4h（准确培养时间视凝乳情况而定）。

（7）后熟　酸乳在形成凝块后再在 4～7℃的低温下保持 24h 以上，以获得酸乳的特有风味和较好的口感。

（8）品味　酸乳质量评定以品尝为标准，通常有凝块状态、表层光洁度、酸度及香味等数项指标。品尝时若有异味就可判定酸乳污染了杂菌。

2. 甜酒酿的制作

（1）选料　选择品质好、米质新鲜的糯米为酿制原料。

（2）浸泡　将米淘洗干净，浸泡过夜，使米粒充分吸水，以利蒸煮后米粒分散和均匀熟透。

（3）蒸煮　捞起浸泡好的糯米，放在蒸锅内搁架的纱布上隔水蒸煮，直至米饭完全熟透。蒸熟后米粒应饱满分散，以利于霉菌孢子在疏松透气的条件下生长繁殖。

（4）降温　取出蒸熟的米饭，在室温下摊开冷却。

（5）接种　当米饭温度降至 30℃左右，拌入甜酒药，混合均匀。

（6）发酵　将接种后的米饭装入坛子中，温度控制在 30℃左右保温发酵48h。发酵初期可见米饭表面产生大量的菌丝，同时米饭的黏度逐渐下降，糖化液增多。若在发酵过程中米饭出现干燥时，可在 18～24h 补加凉开水。

（7）后熟　初步成熟的甜酒酿往往略带酸味。一般在 8～10℃放置 3d 以上，充分后熟，使甜酒酿更加香醇。

（8）品尝　酿成的甜酒酿应甜味爽口、醇香浓郁、醪液充沛。

五、实训作业

从外观、香味及口味评价自己制作的酸乳和甜酒酿的质量。

六、思考题

1. 制作酸乳、甜酒酿时为什么采用混菌发酵？采用纯种发酵可以吗？

2. 为什么后熟会改变酸乳和甜酒酿的口味？

附　　录

附录 1　常用染色液的配制

1. 吕氏美蓝染色液

A 液：美蓝	0.3g	95％酒精	30ml
B 液：氢氧化钾	0.01g	蒸馏水	100ml

分别配制 A 和 B 液，然后混合即成。

2. 石炭酸复红染色液

A 液：碱性复红	0.3g	95％酒精	10ml
B 液：石炭酸	5.0g	蒸馏水	95ml

将碱性复红溶于 95％酒精中，配成 A 液。将石炭酸溶于蒸馏水中，配成 B 液。两液混合即成。使用时，将其稀释 5～10 倍，但稀释液易变质失效，一次不宜多配。

3. 草酸铵结晶紫染色液

A 液：结晶紫	2.0g	95％酒精	20ml
B 液：草酸铵	0.8g	蒸馏水	80ml

将结晶紫研细后，加入 95％酒精使之溶解，配成 A 液；将草酸铵溶于蒸馏水中，配成 B 液。两液混合，静止 48h 后使用。

4. 卢戈氏碘液

碘	1.0g	碘化钾	2.0g
蒸馏水	300ml		

先将碘化钾溶于少量蒸馏水中，再将碘溶于碘化钾溶液中，溶时可稍加热，待碘全溶后，加足蒸馏水即成。

5. 番红复染液

番红	2.5g	95％酒精	100ml

革兰染色是上述配好的番红溶液 10ml 与 80ml 蒸馏水混匀即成。

6. 孔雀绿染色液

孔雀绿　　　　　　　　5.0g　　　　　　蒸馏水　　　　　　　100ml

先将孔雀绿研细，加少许95％酒精溶解，再加蒸馏水即成。

7. 0.5％番红溶液

番红　　　　　　　　　0.5g　　　　　　蒸馏水　　　　　　　100ml

8. 黑色素溶液

水溶性黑色素　　　　　10g　　　　　　40％甲醛　　　　　　0.5ml

蒸馏水 100ml

将黑色素在蒸馏水中加热煮沸5min，然后加入甲醛防腐。

9. 硝酸银鞭毛染色液

A液：单宁酸　　　　　5g　　　　　　　$FeCl_3$　　　　　　1.5g

　　　蒸馏水　　　　　100ml

待溶解后，加入1％NaOH溶液1ml和15％甲醛溶液2ml。冰箱内可保存3～7d，延长保存期会产生沉淀，但用滤纸除去沉淀后，仍能使用。

B液：$AgNO_3$　　　　2g　　　　　　　蒸馏水　　　　　　　100ml

待$AgNO_3$溶解后，取出10ml备用，向其余的90ml $AgNO_3$溶液中加浓氢氧化铵溶液，则出现大量沉淀时，再继续加氢氧化铵，直至沉淀刚刚消失，溶液变澄清液为止。再将备用的$AgNO_3$慢慢滴入，则出现薄雾，但轻轻摇动后，薄雾状的沉淀又消失，再滴入$AgNO_3$，直到摇动后，仍呈现轻微而稳定的薄雾状沉淀为止。

10. 乳酸酚棉蓝染色液

石炭酸　　　　　　　　10g　　　　　　乳酸　　　　　　　　10ml

甘油　　　　　　　　　20ml　　　　　　棉蓝　　　　　　　　0.02g

蒸馏水　　　　　　　　10ml

将石炭酸加入蒸馏水中，加热溶解，然后加入乳酸和甘油，最后加入棉蓝溶解即成。

附录2　教学常用消毒剂

1. 75％酒精

95％酒精　　　　　　　75ml　　　　　　水　　　　　　　　　20ml

2. 5％甲醛液

35％甲醛　　　　　　　100ml　　　　　水　　　　　　　　　600ml

3. 5％石炭酸

石炭酸	5g	水		100ml

4. 0.25%新洁尔灭

5%新洁尔灭	50ml	水	950ml

5. 2%来苏儿

50%来苏儿	40ml	水	960ml

6. 3%过氧化氢

30%过氧化氢	100ml	水	900ml

7. 漂白粉溶液

漂白粉	10g	水	140ml

8. 0.1%升汞

升汞（$HgCl_2$）	0.1g	水	100ml

附录3 常用培养基配方

以下培养基如配制固体培养基需加入1.5%～2.0%琼脂。

一、基础培养基

1. 牛肉膏蛋白胨培养基（培养细菌）

牛肉膏	3g	蛋白胨	10g
NaCl	5g	水	1 000ml

pH7.2～7.6

2. 高氏一号培养基（培养放线菌）

可溶性淀粉	20g	KNO_3	1g
NaCl	0.5g	$K_2HPO_4 \cdot 3H_2O$	0.5g
$MgSO_4 \cdot 7H_2O$	0.5g	$FeSO_4 \cdot 7H_2O$	0.01g
水	1 000ml	pH	7.2～7.4

先用少量冷水将淀粉调成糊状，在加热条件下，边搅拌边加水和其他盐类。

3. 马铃薯培养基（培养霉菌或酵母菌）

马铃薯（去皮）	200g	葡萄糖	20g
水	1 000ml	pH	自然

将马铃薯去皮，切成小块，煮沸30min，然后用双层纱布过滤，取其滤液加糖，再补足水分。

4. 马丁氏培养基（分离真菌）

K_2HPO_4	1g	$MgSO_4 \cdot 7H_2O$	0.5g
蛋白胨	5g	葡萄糖	10g
1/3 000孟加拉红溶液	100ml	水	900ml
pH	自然		

5. 察氏培养基（培养霉菌）

蔗糖	30g	$NaNO_3$	2g
K_2HPO_4	1g	$MgSO_4 \cdot 7H_2O$	0.5g
KCl	0.5g	$FeSO_4 \cdot 7H_2O$	0.01g
水	1 000ml	pH	7.0~7.2

6. 豆芽汁培养基

黄豆芽	100g	葡萄糖（或蔗糖）	50g
水	1 000ml	pH	7.0~7.2

先将洗净的豆芽放在水中煮沸30min，然后用双层纱布过滤，取其滤液加糖，再补足水分。

二、选择、鉴别培养基

1. 阿须贝无氮培养基（培养自生固氮菌及钾细菌）

甘露醇（或蔗糖）	10g	K_2HPO_4	0.2g
$MgSO_4$	0.2g	NaCl	0.2g
K_2SO_4	0.2g	$CaCO_3$	5g
蒸馏水	1 000ml	pH	7.0~7.2

2. 根瘤菌培养基

甘露醇（或葡萄糖）	10g	K_2HPO_4	0.5g
酵母膏	0.8g	$MgSO_4$	0.2g
NaCl	0.1g	0.5%$NaMoO_4$溶液	4ml
0.5%硼酸溶液	4ml	$CaCO_3$	5g
蒸馏水	1 000ml	pH	7.2~7.4

3. 磷细菌合成培养基

葡萄糖	10g	$MgSO_4$	0.3g
NaCl	0.3g	KCl	0.3g
$(NH_4)_2SO_4$	0.5g	0.5%$FeSO_4$	6ml
0.5% $MnSO_4$	6ml	$CaCO_3$	5g
水	1 000ml	pH	7.2~7.4

以上为基础培养基，若培养无机磷细菌再加入 2g 磷酸钙；若培养有机磷细菌则加入 0.2g 卵磷脂。

4. 精氨酸培养基（用于分离放线菌）

精氨酸	1g	甘油	12.5g
K_2HPO_4	1g	$MgSO_4$	0.5g
$CuSO_4$	0.001g	$FeSO_4$	0.01g
冷开水	1 000ml	pH	7.2

5. 淀粉牛肉膏蛋白胨培养基（淀粉水解试验用）

可溶淀粉	5g	牛肉膏	5g
蛋白胨	10g	NaCl	5g
蒸馏水	1 000ml	pH	7.2~7.4

6. 糖类发酵基础培养基

蛋白胨	10g	NaCl	5g
蒸馏水	1 000ml	1.6%溴麝蓝	1ml

常规灭菌后，在使用前以无菌操作定量加入浓度为 10%的无菌糖溶液。

7. 蛋白胨牛肉膏培养基（产氨试验用）

牛肉膏	5g	蛋白胨	10g
NaCl	5g	蒸馏水	1 000ml
pH	7.2		

主要参考文献

陈声明，张立钦．2006．微生物学研究技术．北京：科学出版社

黄秀梨．2003．微生物学．第二版．北京：高等教育出版社

洪坚平，来航线．2005．应用微生物学．北京：中国农业出版社

姜成林．2001．微生物资源开发利用．北京：中国轻工业出版社

李阜棣，胡正嘉．2000．微生物学．第五版．北京：中国农业出版社

刘国生．2007．微生物学实验技术．北京：科学出版社

钱爱东．2008．食品微生物学．第二版．北京：中国农业出版社

沈萍，陈向东．2006．微生物学．第二版．北京：高等教育出版社

沈萍，范秀容，李广武等．1999．微生物学实验．第三版．北京：高等教育出版社

山西省原平农业学校．1999．农业微生物学．第二版．北京：中国农业出版社

王贺祥．2003．农业微生物学．北京：中国农业大学出版社

王家玲．2004．环境微生物学．北京：高等教育出版社

杨苏声，周俊初．2005．微生物生物学．北京：科学出版社

杨文博．2004．微生物学实验．北京：化学工业出版社

赵斌，何绍江．2005．微生物学实验．北京：科学出版社

周德庆．2002．微生物教程．第二版．北京：高等教育出版社

周德庆．2006．微生物学实验教程．第二版．北京：高等教育出版社

周奇迹．2000．农业微生物．北京：中国农业出版社

图书在版编目（CIP）数据

农业微生物/周奇迹主编 . —2 版 . —北京：中国农业出
版社，2009.8（2019.6重印）
普通高等教育"十一五"国家级规划教材 . 21 世纪农
业部高职高专规划教材
ISBN 978 - 7 - 109 - 14128 - 5

Ⅰ. 农… Ⅱ. 周… Ⅲ. 农业－应用微生物学－高等学校：
技术学校－教材 Ⅳ. S182

中国版本图书馆 CIP 数据核字（2009）第 137871 号

中国农业出版社出版
（北京市朝阳区农展馆北路 2 号）
（邮政编码 100125）
责任编辑 郭元建
文字编辑 耿增强

北京中兴印刷有限公司印刷 新华书店北京发行所发行
2001 年 9 月第 1 版 2009 年 9 月第 2 版
2019 年 6 月第 2 版北京第 4 次印刷

开本：720mm×960mm 1/16 印张：14
字数：245 千字
定价：35.00 元
（凡本版图书出现印刷、装订错误，请向出版社发行部调换）